JN278185

絶対わかる熱力学

白石 清 著
Shiraishi Kiyoshi

ThermoDynamics

講談社サイエンティフィク

目次

はじめに…v

第1部 熱平衡状態と第1法則

chapter 1 熱と温度…002

- 第1節 熱力学とは何か 002
- 第2節 熱とは何か 004
- 第3節 熱の移動 006
- 第4節 温度 008
- 第5節 温度ヲ測ル 010
- 第6節 熱容量と比熱 012

chapter 2 気体の熱的性質とエネルギー…014

- 第1節 熱の仕事当量 014
- 第2節 熱力学第1法則 016
- 第3節 気体の性質 018
- 第4節 理想気体 020
- 第5節 理想気体の分子運動論 022
- 第6節 マクスウェル分布 024
- 第7節 ファンデルワールスの状態方程式 026
- 第8節 ビリアル展開 028
- 第9節 比熱 030
- 第10節 圧縮率 032

第2部 第2法則とエントロピー

chapter 3 いろいろな変化と熱機関…036

- 第1節 いろいろな変化 036
- 第2節 熱機関…カルノーサイクル 040
- 第3節 カルノー機関の効率…理想気体の場合 042
- 第4節 いろいろな熱機関 044

chapter 4 熱力学第2法則…050

- 第1節 熱力学第2法則とは何か 050
- 第2節 熱力学第2法則の言い換え 052
- 第3節 カルノーの原理 054
- 第4節 クラウジウスの不等式…エントロピーにむけて 056
- 第5節 エントロピー 058

第3部　熱力学関数と平衡条件

chapter 5　熱力学関数とその基本的取り扱い …064

第1節　全微分と偏微分　064
第2節　熱力学関数　066
第3節　偏微分の効用(1)…マクスウェルの関係式　072
第4節　偏微分の効用(2)　076
第5節　ジュール・トムソン効果　078
第6節　定圧比熱と定積比熱　080

chapter 6　熱力学関数のさらなる応用 …082

第1節　復習を込めて，全微分からの偏微分　082
第2節　等温圧縮率と断熱圧縮率　084
第3節　磁性体　086
第4節　強磁性体　090
第5節　超伝導体　092
第6節　断熱消磁法　094

第4部　相転移と相平衡

chapter 7　開いた系（粒子数が変化する系） …098

第1節　化学ポテンシャル　098
第2節　ギブス・デュエムの関係式　100
第3節　示強性熱力学関数　102
第4節　熱平衡状態の安定性　104
第5節　安定性と不等式　108

chapter 8　相の熱力学 …110

第1節　相平衡　110
第2節　クラペイロン・クラウジウスの式　112
第3節　相転移　114
第4節　ギブスの相律　118
第5節　状態方程式と臨界点　122
第6節　マクスウェルの等面積則　124

第5部　熱力学のその先へ

chapter 9　その他の話題 …128

第1節　熱力学第3法則　128
第2節　光子気体　130
第3節　ブラックホールの熱力学　132
第4節　ブラックホールと放射の共存系　134

chapter 10　熱力学から統計力学へ …136

第1節　ギブスのパラドクス　136
第2節　ミクロな視点から見たエントロピーの起源　138

chapter 11　量子統計力学への道 …142

第1節　マクスウェル・ボルツマン統計　142
第2節　ボーズ・アインシュタイン統計　146
第3節　フェルミ・ディラック統計　148
第4節　光子とニュートリノ　150
第5節　ボーズ・アインシュタイン凝縮　154
第6節　フェルミ気体　156

はじめに

　人の好みもいろいろで，カレーの辛さの好みもいろいろある。店のカレー，市販のルウ，またレトルトなどでも，甘口から超激辛まで，さまざま楽しめるようになってきたようだ。

　さて，物理の本・参考書もさまざまである。この『絶対わかる物理シリーズ』は，「中辛(はんちゅう)」の範疇に入っている，と著者は思っている。

　このシリーズは，大学理工系の1・2年生が，物理を「絶対わかる」ように願って書かれた。はっきりいって，物理を理解し，使いこなすのは，そう簡単なことではない（……とおどすと，もう読者が減るかな）。講義を一回聴いただけでわかるような事態は，めったに生じない。繰りかえし考え，また自ら関連した学習を進めていかなければならない。本シリーズでは，なるべく話の区切りを見開き2ページごとにまとめたので，あとでよくわかっていないところを再び確認するのが容易だ。また，学生どうしの議論や，先生への質問の場合に，要点を絞る助けとなれば幸いである。

　全体として取り扱う項目は，決して網羅されているわけではない……著者が，理系の基礎として「絶対わかっていてもらいたい」範囲に絞って，ときには繰りかえしもおそれずに，丁寧に解説したつもりである。逆に舌足らずの部分もあるかも知れないが，みなさんの議論の火付け役となれば…と期待している。

　『絶対わかる熱力学』では，おもに理論的基礎に重点を置き，応用例は理解に絶対必要なものに絞った。

　先ほども書いたとおり，この本は「絶対わかってほしい」という想いで書かれた。決して「甘口」の本ではないが，ぜひご賞味いただきたい。お口に合えばよいのだが……。蛇足かも知れないが，この本には年齢制限はないと思っている。高校生や社会人の方々にも，ぜひ読んでいただきたい。

　この場を借りてご協力いただいた方々に御礼を申し上げます。講談社サイエンティフィクの大塚氏，それと絵を描いていただいた某氏とその他の方々には，特にその忍耐力に感謝する次第です。また身内で恐縮だが，元学生の坂本憲児氏，菅菜穂美氏にはいろいろとご意見をいただいた。ありがとうございました。

第1部
熱平衡状態と第1法則

CHAPTER 1 ▶▶▶ 熱と温度

第1節 熱力学とは何か

もっとも身近で，もっともよくわからない，熱。

●熱の正体

熱や温度の概念は，もっとも古く，そして身近な科学的概念であることは，間違いないだろう。何せ，原子分子を知らなくても生きてはいけるが，人間は，暑さ寒さには耐えられる限界があるから，熱や温度を意識せざるをえない！それに，燃焼現象や火を適切に取り扱うという，人間固有の「特技」は，同時に，熱の概念を発展させてきたと思われる。

もうすでに，熱の正体について学んできていると思う。熱エネルギーは，分子の運動の激しさを表している。デカルトも，熱は運動の一形態であることに気がついていた。いうまでもなく，われわれの身の回り，あるいはわれわれ自身は，莫大な数の分子や原子から成り立っている。典型的な数は，アボガドロ数（6.02×10^{23}）である。この莫大な数の分子や原子の運動，相互作用が，巨視的な物体の熱的振る舞いを決めている。

●マクロな熱力学，ミクロな統計力学

しかし，熱現象，熱の出入りやそれに伴う体積・圧力変化，などなどは，分子原子の考えを持ち出さなくても，理解できるのだ。それが熱力学である。

ミクロとマクロを結びつけるのが，統計力学である。本書は熱力学の本であるから，ミクロな視点の考察は反則なのだが，気体分子運動論とエントロピーの考察に絡んで少々統計力学へと向かう方向の考えを載せている。お許しを。

COLUMN

熱「力学」というけれど，力学みたいに，時間変化を扱うことは，（本書の範囲では）あまりない。

熱の正体

人間は熱を扱う

我思う、ゆえに我あり。熱は運動の一形態である。

デカルト

熱の正体は分子の運動の激しさなのデス

第2節 熱とは何か

温度は物体のある状態を表す。熱は物体の間を移動する。

●熱とは何だろうか

「熱力学」とは，読んで字のごとく，「熱」のダイナミクスであるはずである。では，熱とは何だろう。日常，「熱がある」といえば，体温が高いときである。では，熱＝温度であろうか？ 熱力学は英語では thermodynamics であるが，thermometer と言えば通常は温度計のことを指す。

温度は物体のある状態を表すもので，熱は物体の間を移動できるものと思うのはどうだろう。2つの接触した物体の温度が等しくなるとき，熱の移動が止まると考える。この状態を「熱平衡状態」と呼ぼう。

●熱力学の第0法則

熱平衡状態の存在をわれわれは仮定する…すなわち数学での公理のように，基礎仮説と思ってよいだろう。熱力学第0法則は右ページの（1）のようなものである。ニュートン力学の第1法則が慣性系の存在を規定しているのと似てなくもないだろう。

体温計は十分長い時間をかければ，体温と同じ温度になり，熱平衡状態になる。ただし，体温計の熱容量が無視できなければ，測る前の体温と異なるが…熱容量については，あとで取り扱う。

余談であるが，最近の体温計は熱平衡になる前に体温を示す。熱平衡に近づく際の温度変化パターンから最終温度を予想して表示しているのだ。

COLUMN

高校ですでに習っているから，もったいぶらずにいえば，物質は非常に多数の分子からできていて，その個々の不規則な運動を「熱運動」という。温度は熱運動の激しさの目安である。不規則といってもデタラメとは違う…ということはあとで少し出てくる。固体の場合では，不規則ではあるが規則のある振動状態となる（ただし，完全な理解には量子力学が必要）。

熱とは何だろうか

熱の移動 → 熱平衡状態

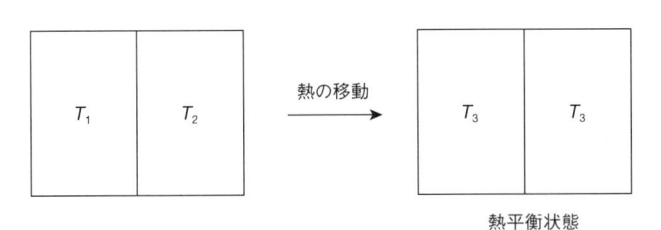

熱力学の第0法則

> 物体 A と物体 B が熱平衡であり，かつ物体 B と物体 C が熱平衡であるとき，物体 A と物体 C は熱平衡である (1)

温度 $T_A = T_B$

かつ

$T_B = T_C$

ならば

$T_C = T_A$

当たり前といえば当たり前なんだけどネ

第3節 熱の移動

これこそ日常の熱体験。

熱はどのように物体から物体に移動するかについて，まとめてみよう。

●熱伝導

　高温と低温，2つの物体を接触させると，熱は高温物体から低温物体に移動し，やがて均一の温度の熱平衡状態になる。

　金属棒を考えてみよう。その片方の端を熱すれば，反対側の端も徐々に温度が上がっていく。これは熱が金属棒を伝わっていった結果と考えられる。このように，熱は大きさを持つ物体の内部を伝わっていく。これを熱伝導と呼ぶ。(1)のような熱伝導方程式が知られている。

●対流

　風呂を沸かすときに，その一部の水を加熱していけば，やがて浴槽全体がお湯となる。このときに，熱の源（ガス，電気ヒーター）から水へ熱伝導があるが，水中を熱だけが伝わっていくわけではない。暖められた水は上昇しはじめ，やがて浴槽全体に流れが生じる。このように物質の移動を伴うとき，熱は熱伝導だけでなく，物質とともに運ばれる。このような対流の現象は，液体にかぎらず，気体でもおきることはよく知られている。大気中の空気の循環，大洋の海流も，熱を運ぶ対流である。

●熱放射

　地球は太陽によって暖められている。太陽と地球の間（約1億5千万キロメートル）には，ほとんど熱を伝える物質はないにもかかわらず。いうまでもなく，光や電磁波（赤外線など）によってエネルギーが運ばれているのである…ここで「熱はエネルギーである」とネタバレしてしまっているが…。

　電子レンジも，電磁波によって暖めるという点では同じだが，電子レンジは特定の周波数（2450MHz）の電磁波で水分子のみを振動して加熱するという，特殊なものである。

熱伝導

Q は移動する熱，T は温度を表す。

熱伝導方程式（ビオ・フーリエの式）

$$\frac{\partial Q}{\partial t} = \kappa \frac{\partial^2 T}{\partial x^2}$$

- 熱の時間変化
- 熱流の出入り

κ：熱伝導率

（∂は偏微分の記号デス）

(1)

対流

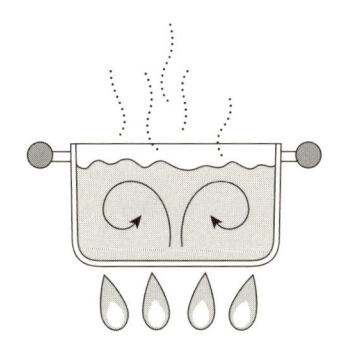

（重力が重要な役割を演じているのデス）

熱放射

（電磁波によって熱エネルギーは運ばれていマス）

第4節 温度

よく使う温度体系は，日常使いやすいような，決め方がされている。

●摂氏，華氏，絶対温度

われわれは常日頃，天気予報など見ては，最高気温や最低気温を気にしている。温度の考え，そして定量化は，はるか古来より発展してきた。ガリレイは，空気が暖まると膨張するという経験的事実から，温度計を作成した。が，はっきりと「温度」目盛があるわけではなかった。

一般の物質は，温度によって，固体，液体，気体という異なる様相を示す。これを物質の三態という。凝固点（融点）や沸点は物質ごとに特有の温度である。そこで，氷の融点と水の沸点を基準に，温度の目盛りが決められ，これが摂氏温度℃の元となった。摂氏温度は，現在では，氷の融点を 0 度，水の沸点を 100 度となるよう決められている。

アメリカなどで今も根強く使われ続けている華氏温度は，摂氏温度と (1) のような関係にある。華氏温度は °F の記号で表す。華氏だと気温はたいてい 0°F 〜 100°F の間に入る（体温は 92 〜 96°F，水の沸点は 212°F）。

絶対温度は (2) である。単位は K（ケルビン）である（°がつかないことに注意）。なぜ「絶対」か…はご承知の通り？ あるいは 2 章第 3 節を見よう。

COLUMN

摂氏，華氏はそれぞれ，セルシウス（スウェーデン，1701 〜 1744），ファーレンハイト（ドイツ，168 ? 〜 1736）にちなむ。それぞれ中国名で，摂爾修，華倫海であるから。ほとんど忘れられているが，列氏（または烈氏）というのもある（1730）。レオミュール（フランス，1683 〜 1757）にちなむ。列氏温度（°R）は，氷の融点を 0 度，水の沸点を 80 度としたもの。現在では全く用いられない。ちなみに摂氏目盛は，当初（1742），水の沸点が 0 度，氷点が 100 度と，今と全く逆だった！！ セルシウスの死後 2 〜 3 年後に，現在のように改められた。

摂氏，華氏，絶対温度

摂氏温度　$t\,[\text{°C}]$　と　華氏温度　$t_F\,[\text{°F}]$

$$t_F = \frac{9}{5}t + 32 \tag{1}$$

絶対温度　$T\,[\text{K}]$

$$T = t + 273.15 \tag{2}$$

> 水の振る舞いで温度基準を決めたのです。初めは，水の沸点を0度，氷の融点を100度にしていました。みんなからブーイングの嵐でした

セルシウス（摂氏）

> 日常の最低，最高温度を基準としました。日常の気温は0度から100度までに入るから便利ですよ

ファーレンハイト（華氏）

> 最低の温度がある！！というわけでその温度を絶対零度としています。学問的には私の温度が広く使われています

ケルビン（絶対温度）

第4節★温度

第5節 温度ヲ計ル

いろいろな温度計。

●いわゆる温度計

さて，ガリレイは前節に書いたように，空気という気体を用いて温度計を作った。これは別に空気でなくても構わない。液体でもよい。

液体温度計はおもにアルコールとか水銀などを使ったものがよく知られている。アルコール寒暖計に水銀体温計。何もかも皆懐かしい…。おっと失礼。ファーレンハイト（華氏の人）は，アルコール温度計を製作し，その後，正確な水銀温度計を作って，いろいろなものの温度を測った。

●抵抗温度計と熱電対

他にも温度を測る方法はある。金属の抵抗は温度の増加に伴って増大する。この変化を利用したものが抵抗温度計である。白金を用いたものでは，おおよそ10Kから900Kまで測れるそうだ。現在では，半導体の電気抵抗を利用したサーミスタという機器がよく使われている。

また，2種類の金属を連結した回路では，2つの接合点の温度差に比例した起電力が生じることが知られている（ゼーベック効果）。この現象を用いた「熱電温度計」あるいは「熱電対」と呼ばれるもので温度測定ができる。

●超高温や極低温を測る温度計

さらに，非常に高温な場合（上記のような温度計が蒸発しそうな場合），物体は光を発するので，その光の放射の強さから温度を測ることが可能である…いわば放射温度計である。また，恒星の温度は，その光のスペクトルから推定することができる。

一方，数K程度の低温では蒸気圧で温度を決めるということが行われる。その他，キュリーの法則を使って，常磁性塩の磁化率で温度を決める方法などがある。

温度計

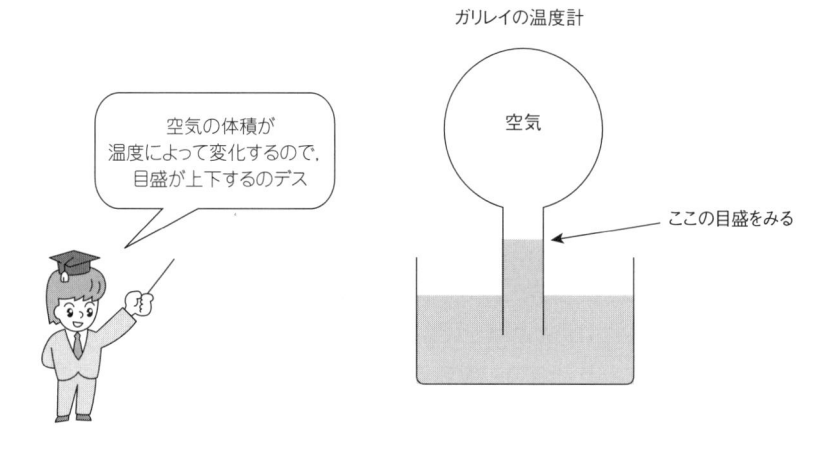

空気の体積が温度によって変化するので、目盛が上下するのデス

ガリレイの温度計

空気

ここの目盛をみる

抵抗温度計と熱電対

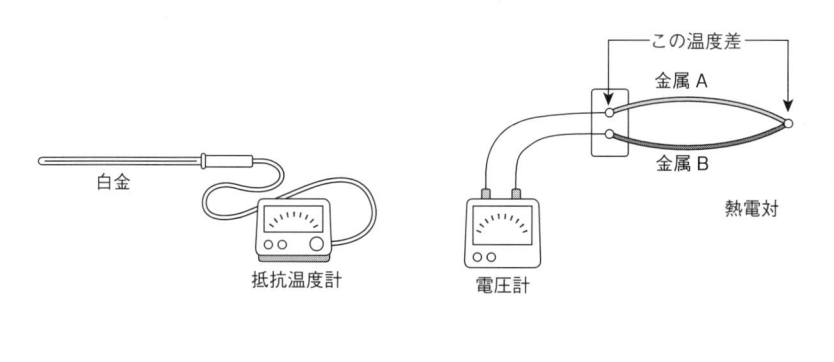

白金

抵抗温度計

電圧計

この温度差

金属A
金属B

熱電対

高温、低温を測定する技術はさまざまな工業的技術の発展とともに進んできていマス

第5節★温度ヲ計ル

第6節 熱容量と比熱

熱容量は，熱を入れる「器の広さ」。「高さの目盛り」が温度を表す。

●熱容量

　高温の物体と低温の物体を接触させておくと，やがて同じ温度の平衡状態になる。このとき，高温物体から低温物体に熱（熱量）が移動したと考える。では，物体が熱量を受け取ったとき，温度はどれくらい上がるのであろうか。

　やかんに水をいれて，火にかける。水の量が多いほど，沸騰するのに時間がかかる。当然ながら，物質の量が多いほど，温度は上がりにくい。

　物質が異なるとどうだろう。金属は熱すればすぐに温度が上がりそうだ。このように，物体は同じ熱を与えても，その種類や量で暖まりやすさが異なる。そこで物体の熱容量を（1）のように決める。熱容量が大きいほど，物体は暖まりにくく，また冷めにくい。熱容量を器，熱を液体，温度を容器の中の液体の高さと考えるとわかりやすい。

●比熱

　物質1グラムあたりの熱容量を比熱と呼ぶ。比熱を使うと熱容量は（2）となる。水1グラムの温度を1度上昇させるのに必要な熱量は約1カロリー(cal)である。

　なお，気体では，1モルあたりの熱容量を「比熱」と呼ぶことが多い（2章第9節）。

COLUMN

　その昔，熱も1つの元素（熱素，カロリック）と考えられたことがあった。仕事と熱の相互変換が発見される以前としては，もっともな見方であった。

　ところで，熱を加えても，温度が上昇しないときがある。融点や沸点がそのような温度である。物質1グラムが融解（蒸発）するのに必要な熱量を融解熱（蒸発熱）という。状態の変化に熱量が費やされるため，温度変化がない，と解釈される。

熱容量

$$熱容量: C = \frac{d'Q}{\Delta T} \quad (1)$$

$d'Q$：物体に与えた微小な熱量
ΔT：物体の温度の変化

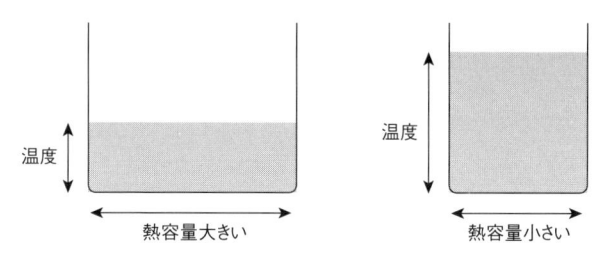

温度　熱容量大きい　　温度　熱容量小さい

同じ熱を受け取っても，物体の温度は熱容量により異なる。

比熱

$$比熱 = 物質1グラムあたりの熱容量 \quad (2)$$

$C = mc$

m：物体の質量
c：比熱

熱容量の概念を発見したのは
ブラック（イギリス，1761）デス

(1)は
$d'Q = C\Delta T$
とも書けマス。
こちらの形のほうがよく使いマス

CHAPTER 2 ▶▶▶ 気体の熱的性質とエネルギー

第1節 熱の仕事当量

熱はエネルギー。

●熱と仕事は等しい

18世紀末,ランフォードは,大砲の砲身をくりぬく作業の過程で,熱が発生することに気がついた。このことは,熱が仕事(エネルギー)と関係していることを示唆した。のちに,ジュールは,羽根車で水を攪拌し,その際の温度上昇と費やした仕事の量を比較した。その結果,熱量と仕事に比例関係があることがわかった(1)。比例係数を熱の仕事当量という。比例関係といっても,単位系の取り方による差異であり,実際には,熱は仕事と等価なものである。

●内部エネルギー

物体が熱を持っている状態は,その内部にエネルギーを持っている状態と考えられる。物体を構成する分子(あるいは原子)の運動のエネルギーと位置エネルギーの総和が,物体の持つ熱エネルギーである。熱の移動とは,このエネルギーの移動のことである。分子・原子の熱運動はランダムである。なお,物体の持っている熱エネルギーは,物体の内部エネルギーと呼ぶことにする。主に移動するものに「熱」という言葉を使いたいので。

摩擦の働く場合,空気抵抗の働く場合,非弾性衝突の場合に,力学的エネルギーは保存しないことを力学で学んだが,いずれの場合も,物体のエネルギーの一部が(ランダムな)熱運動のエネルギーに転化したと考えられる。

COLUMN

ベンジャミン・トムソン,マイヤー,ジュールが熱力学の第1法則の発見者として名を連ねる。ジュールは,電流の発熱作用(ジュール熱)についての実験でも知られる。

熱と仕事は等しい

「隔壁付き羽根車がおもりの位置エネルギーを使って回るマシーン」

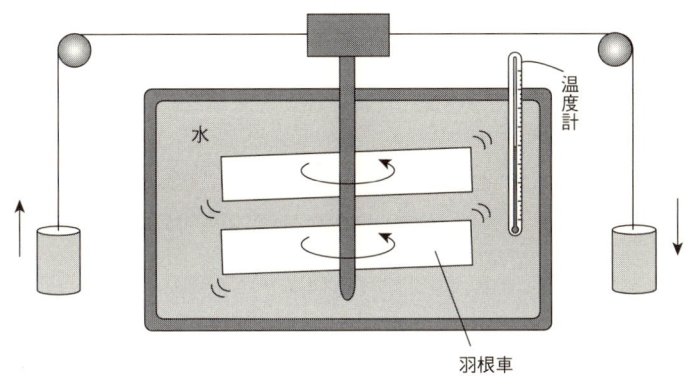

$W = bQ$

W：仕事 [J]
b：熱の仕事当量 [4.2J/cal]
Q：熱量 [cal]

(1)

内部エネルギー

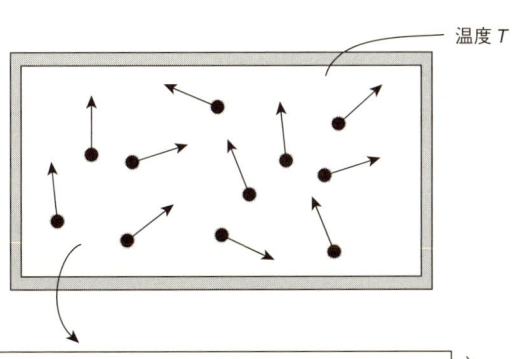

温度 T

内部エネルギー（熱エネルギー）
＝ 運動エネルギー ＋ 位置エネルギー

第2節 熱力学第1法則

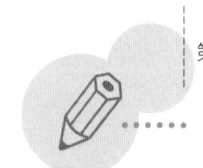

熱力学はここに始まる！

●熱力学第1法則

　気体が熱や仕事を受け取る（吸収する）と，その分，内部エネルギーが増加する。内部エネルギーは，気体の状態を表す量（状態量）で，（1）はその変化を表している。これが熱力学の第1法則である。ただ，ここでの熱・仕事は，単なる微小量である。熱や仕事は，外界とやりとりされるもので，気体などの物体の熱平衡状態を表す量（例えば体積や温度）の差のみでは表せない。そのため，熱や仕事はその時々の変化（微小量）で表す。

　気体の場合，体積変化が仕事となる。たとえば，ピストンに入った気体が，熱平衡状態を保ったまま，圧力 p で体積が ΔV 増加するとき，気体は外へ対し，$p\Delta V$ の仕事をする。仕事は（力 × 移動距離）だが，これは（圧力 × 面積 × 移動距離）であり，（圧力 × 体積変化）に等しい。気体が受け取る仕事には，（2）のように負号が付く。したがって，内部エネルギーの変化は（3）と書ける。もし，ピストンが断熱材でおおわれていたとすれば，熱の出入りがないので（4）となる。

●熱力学第1法則はエネルギー保存則

　熱力学第1法則は，より一般的なエネルギー保存則である。力学的エネルギー保存則を拡張して，熱の現れるような現象（摩擦熱の発生など）においても，全エネルギーが保存することを主張する。一般には，熱・仕事の量に符号を付け，吸収・放出を表す…負の量の吸収は，正の量の放出である。

COLUMN

　第1種永久機関は，仕事を無尽蔵に生み出し続けるマシンという，夢物語の主人公。エネルギー保存は，力学的エネルギーのみならず，熱エネルギー，電磁場のエネルギーなどを含めて成り立っているから，「エネルギーの創造」の考え方というか，言葉からして間違っている。

熱力学第1法則

$$\text{熱力学第1法則：} \Delta U = d'Q + d'W \quad (1)$$

ΔU：物体の内部エネルギーの変化　$\Delta U = U_B - U_A$
$d'Q$：物体に与えられた熱（エネルギー）
$d'W$：物体になされた仕事
$d'Q$ と $d'W$ は単に微小な量

例：ピストンに入った気体

$d'W = -p\Delta V \quad (2)$
$\Delta U = d'Q - p\Delta V \quad (3)$
$\Delta U = -p\Delta V$（断熱の場合） $\quad (4)$

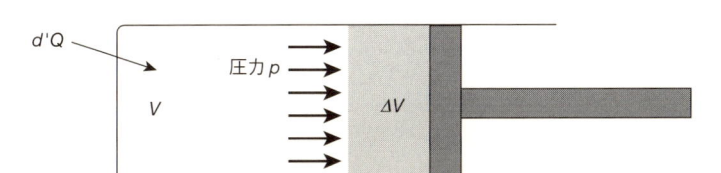

こらむ

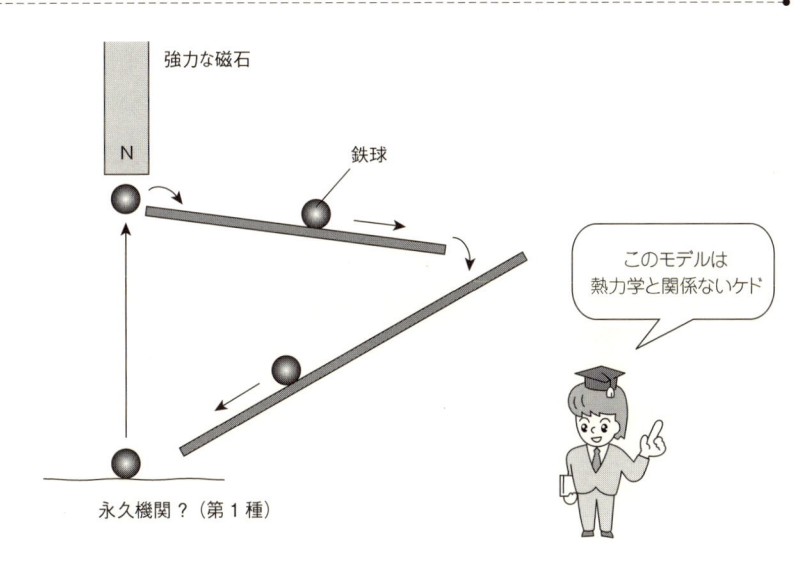

このモデルは熱力学と関係ないケド

永久機関？（第1種）

第3節 気体の性質

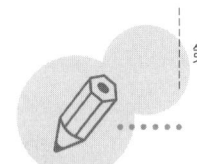

温度一定のとき，気体の体積と圧力は反比例する。

●ボイルの法則

温度が一定のとき，気体の圧力と体積は反比例する（1）。これをボイルの法則という（1660年）。これはどんな気体についても（近似的に）成り立つ。

圧力の単位はパスカル [Pa] が使われる。1平方メートル [m²] あたり1ニュートン [N] の力が加わることに相当する。

●シャルルの法則

圧力一定のもとで（これは実験的には一番楽だ。なぜなら，ふつう大気圧は一定だから），気体の体積と温度を比較すると，（2）のような比例関係になる。これはどんな気体についても（近似的に）成り立つ。これをシャルルの法則という（1787年）。

絶対温度（3）を導入すると，この関係式は簡単に（4）となる。（体積）/（絶対温度）は一定となり，気体の体積と絶対温度は比例の関係にあるといえる。この法則を絶対温度 0K まで適用すると，気体の体積は 0 になるが，このような極低温ではこの法則が成り立つとは期待できない。実際の気体では，極低温で液化（または固化）してしまうからである。

●ボイル・シャルルの法則

気体についての2つの法則を一緒にすると，（5）が得られる。縦軸 p，横軸 V をとる p-V 図の上では，温度一定の気体の状態を表すと，双曲線になる。1つの曲線上で温度が等しいので，等温線と呼ぶ。p, V, T のうち，2つを決めれば，気体の状態が決まってしまうことに注意しよう。

●示量性，示強性

同一の気体の入った箱を m 個用意し，それらを合わせて1つの箱に入れる。このとき，気体の状態を表す量のうち，m 倍になるものを示量変数といい，変わらないものを示強変数という。粒子数，体積などは示量変数で，温度，圧力，密度などが示強変数である。

ボイルの法則

$$\text{ボイルの法則：} pV = \text{一定} \quad (1)$$

p：気体の圧力
V：気体の体積

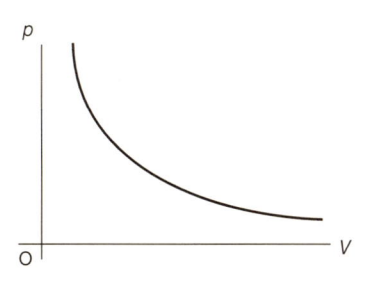

シャルルの法則

$$\text{シャルルの法則：} V = V_0\left(1 + \frac{t}{273.15}\right) \quad (2)$$

t：気体の摂氏温度
V_0：摂氏零度での体積

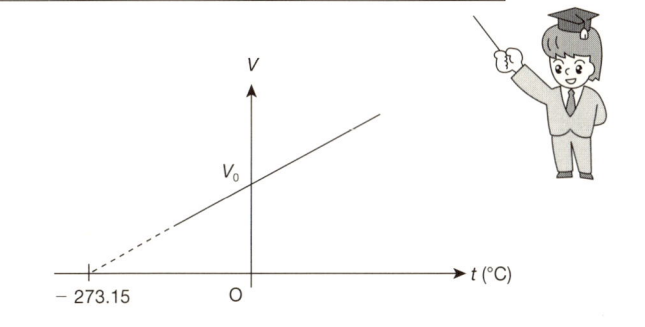

絶対温度：$T = 273.15 + t\ [K]$ で表すと (3)

$$V = V_0\left(\frac{T}{273.15}\right) \quad (4)$$

$\frac{V}{T} = \text{一定}$

ボイル・シャルルの法則

$$\text{ボイル・シャルルの法則：} \frac{pV}{T} = \text{一定} \quad (5)$$

第4節 理想気体

最も簡単な状態方程式（ボイル・シャルルの法則）に従うのが，理想気体。

●理想気体の状態方程式

　理想気体というのは，ボイル・シャルルの法則に正確に従う（仮想的な）気体である。「正確に」というところが「理想」の意味するところである。

　p, V, T などを状態変数というが，一定量の気体の独立な状態変数は2つである。「独立な」というのは自由に取れるという意味である。

　3つの状態変数（たとえば，p, V, T）の間の関係を示す式を状態方程式という。ボイル・シャルルの法則は，理想気体の状態方程式である（1）。

　現実の気体の状態方程式は，後に述べる理由（第7節）で，理想気体のものからわずかにずれている。低圧，希薄な気体の場合は，理想気体の状態方程式で近似してもほぼ間違いは生じない。

●アボガドロの法則

　ボイル・シャルルの法則の右辺の定数は，気体の量に比例する。なぜなら，圧力や体積が気体の量に比例するからである。

　気体などの量を表す単位として，モルが使われる。分子をアボガドロ数個（6.02×10^{23}）集めたものを1モルという。1モルの気体（分子量 m）の質量は m グラムになる（そうなるようにアボガドロ数を決めているから）。酸素 O_2（分子量32）なら32グラムになる。

　一定の圧力，温度のもとで，気体1モルの占める体積は気体の種類によらない。これがアボガドロの法則である。そこで，1モルの気体分子の場合のボイル・シャルルの法則の右辺の定数を R とし，気体定数と呼ぶ。体積 V は示量変数であるので，n モルの場合は，$pV/T = nR$ である。

理想気体の状態方程式

$\dfrac{pV}{T} =$ 一定：ボイル・シャルルの法則

$$\text{理想気体の状態方程式：} pV = nRT \quad (1)$$

圧力：$p\,[\text{N}/\text{m}^2 = \text{Pa}]$
体積：$V\,[\text{m}^3]$
温度：$T\,[\text{K}]$（絶対温度）
分子量：$n\,[\text{mol}]$（モル）
気体定数：$R\,(8.31\,[\text{J}/\text{mol}\cdot\text{K}])$

アボガドロの法則

N_A：アボガドロ数　$N_A = 6.022 \times 10^{23}$

$$\begin{aligned}
&\text{アボガドロの法則：}\\
&1\,\text{モルの気体は，}0°\text{C，}\\
&1\,\text{気圧}(1.013 \times 10^5\,\text{N}/\text{m}^2)\,\text{のとき，}\\
&\text{体積は}\,22.414\,\text{リットル}\,(2.241 \times 10^{-2}\,\text{m}^3)
\end{aligned}$$

ボイル・シャルルの法則により　$R = \dfrac{pV}{T}$　とすれば（1 モル）

$R = \dfrac{1.013 \times 10^5 \times 2.241 \times 10^{-2}}{273.15}$
$ = 8.31\,\text{J}/\text{mol}\cdot\text{K}$

1 モル
6.02×10^{23} 個入り）

第5節 理想気体の分子運動論

気体の力学的モデル。

●分子運動と圧力

体積 V の立方体の中に，N 個の分子からなる気体が入っているとする。1個の分子の質量は m とする。x 方向に垂直な壁のうち一方に着目する。ある1個の分子が速度 v を持ち，その x 成分が v_x のとき，衝突して跳ね返る1個の分子がその壁に与える力積は（1）である。また，1個の分子は，1秒間に（2）回衝突するから，1つの壁に1秒間で与える力積は（3）であり，これが力の大きさである。実際には，各分子はいろいろな速度を持って運動している。その2乗平均（4）を使うと，圧力は（5）のように書ける。分子の2乗平均速度が一定ならば，ボイルの法則が成り立つ（6）。

●理想気体の内部エネルギー

理想気体分子の運動エネルギーの総和は，（6）と状態方程式より，（7）となるが，これは分子の内部エネルギーが温度に比例することを表している。

実験的には，気体を断熱的に自由膨張（気体は仕事をしない）させるジュールの実験（1845）が行われ，温度が変わらないことが確かめられ，内部エネルギーは，体積によらないことがわかった。

単原子分子，2原子分子の内部エネルギーは（9）となるが，係数が異なるのは，2原子分子には回転運動があって，エネルギーをそちらに取られるからである。なお，一般の気体では分子の位置エネルギーも考慮しなくてはいけない。

COLUMN

箱が立方体でないとき（たとえば球）はどうするの？という素朴な疑問に最初に答えたのは誰だか知らないが，なぜか大学入試問題では，よくでている。もはや多くの解説は加えないが，立方体の箱の場合と全く同様の結果が得られる。

分子運動と圧力

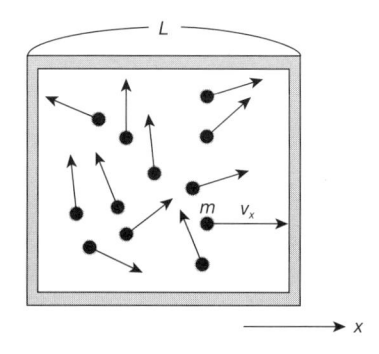

運動量変化 = 力積（力 × 時間）

1個の分子が壁に与える力積：$2mv_x$ (1)

1秒間に1個の分子がその壁に衝突する回数：$\dfrac{v_x}{2L}$ (2)

その壁が1個の分子から受ける力：$\dfrac{2mv_x \cdot v_x}{2L} = \dfrac{mv_x^2}{L}$ (3)

分子速度の2乗平均

$<v^2> = <v_x^2 + v_y^2 + v_z^2>$
$= <v_x^2> + <v_y^2> + <v_z^2> = 3<v_x^2>$ （等方なので） (4)

圧力：$p = \dfrac{\dfrac{Nm<v_x^2>}{L}}{L^2} = \dfrac{1}{3}\dfrac{Nm<v^2>}{V}$ (5)

これより $pV = \dfrac{1}{3}Nm<v^2>$ ←ボイルの法則 (6)

理想気体の内部エネルギー

気体の内部エネルギー：$U = \dfrac{1}{2}Nm<v^2> = \dfrac{3}{2}nRT$ (7)

分子1個あたり，$u = \dfrac{U}{N} = \dfrac{3}{2}kT$ （$k = \dfrac{R}{N_A}$：ボルツマン定数） (8)

$\left.\begin{array}{l}\text{単原子分子：} U = \dfrac{3}{2}nRT \\ \text{2原子分子：} U = \dfrac{5}{2}nRT \\ \text{多原子分子：} U = 3nRT\end{array}\right\}$ (9)

第6節 マクスウェル分布

統計的な速度分布。

●マクスウェル分布

　気体の圧力を求めるとき，気体分子の平均の速度を計算で用いた。実際には，分子の持つ速度はどのような分布をしているのだろうか。

　このことの十分な理解には，統計力学を必要とするが，まずは，解答を与えておこう。分子の速度の2乗 v^2 の分布は，(1) で与えられる。このような速度の分布をマクスウェル分布と呼ぶ。(1) は N 個の分子のうち，速さが v と $v + dv$ の間にあるものの数を表す。図でいうとグラフの斜線部の面積である。

●分布とエネルギー

　温度 T では，分子の運動の1自由度あたり，平均エネルギーは $(1/2)kT$ である。運動の自由度は，まず分子の1つの速度成分につき1ずつ，さらに多原子分子では，回転・振動の仕方につき1ずつ，と数える。室温では，kT は 0.025eV 程度で，原子内電子の典型的なエネルギーよりかなり小さい。しかし，マクスウェル分布は広がりを持っているため，ごくわずかな数の分子は高いエネルギーを持っていることに注意しよう。

　大気圏の表面近くの気体分子でも，少数だが，脱出速度を超えるものがあり，いくらかは逃げていく。太陽の中で起きる核反応においても，平均的エネルギーを持った原子核が反応するわけではない。平均を超えたエネルギーを持つ少数（といっても，数としては莫大だが）の原子核が核融合反応に寄与している。

●分布関数の形

　さて，マクスウェル分布の式はどこから来ているのだろうか。分布を分子の割合と考えると，気体の速度分布の等方性と各成分の分布の独立性 (3) から，分布関数の形がわかる。指数関数の形だ (4)。(1) にある他の因子は，「規格化（グラフの全面積を N にする）」，および速度空間における「体積」から来ている。

マクスウェル分布

N 個の分子のうち,速さが v と $v+dv$ の間にあるものの数:

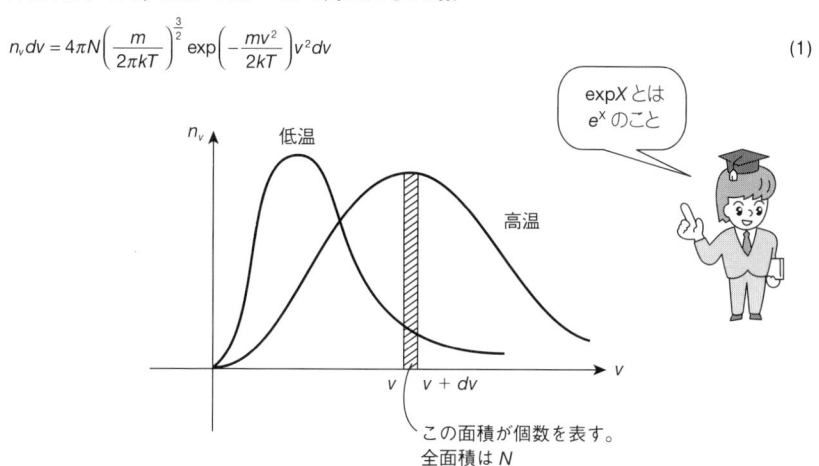

$$n_v dv = 4\pi N \left(\frac{m}{2\pi kT}\right)^{\frac{3}{2}} \exp\left(-\frac{mv^2}{2kT}\right) v^2 dv \tag{1}$$

expX とは e^X のこと

この面積が個数を表す。
全面積は N

$$<v^2> = \int_0^\infty n_v v^2 dv = \frac{3kT}{m} \tag{2}$$

分布関数

分布 ≈ 割合 ≈ 確率

$$f(v^2) = f(v_x^2 + v_y^2 + v_z^2) = f(v_x^2)\cdot f(v_y^2)\cdot f(v_z^2) \tag{3}$$

この性質をみたすものは

$$f(v^2) = \exp\left(-\frac{mv^2}{2kT}\right) \tag{4}$$

（1）の $4\pi v^2 dv$ は「速度空間」における半径 v,厚さ dv の球殻の「体積」デス。ちょっとムズカシイかな

第7節 ファンデルワールスの状態方程式

分子運動論＝理想気体は，もちろん単純すぎる。

●理想と現実

理想気体の分子運動論においては，粒子と壁の衝突のみを考えて，ボイル・シャルルの法則を導いた。粒子同士のエネルギーのやりとりは，まったく考えていない。しかし，現実の分子では，小さいとはいえ大きさがある。現実の気体を極低温まで冷やしていったら，いずれは分子の大きさや相互に働く力が影響して，理想気体のようにならないことは明らかである。

●ファンデルワールスの状態方程式

ファンデルワールスの状態方程式は，上記の効果を取り入れるため，2つのパラメータ a, b を導入している（1）。b は分子1モルあたりの「体積」を表している。ただし，相互作用のある分子の系では，必ずしも分子の物理的体積が b に比例しないことを注意しておく。a は，典型的な相互作用の強さを表している。多数の粒子があってそれら同士に力が働くとき，相互作用の総和は，粒子の数（密度）の2乗に比例する。

他の状態方程式においても，付加的パラメータによって，ファンデルワールスの状態方程式と同様の効果が表されている。

●独立変数とグラフ

さて，一番重要なことを確認しよう。一定量（たとえば1モル）の気体では，状態変数 p, V, T の3つがあるが，状態方程式が1つ与えられるため，独立な状態変数は2つである。すなわち，気体の状態は，平面上の1点で表される。つまり，縦軸に p，横軸に V をとる p-V 図，縦軸に p，横軸に T をとる p-T 図などが，状態を表すために使われる。さらに，たとえば，$T=$ 一定の条件を満たす状態は，p-V 図上の曲線となる（理想気体の場合，ボイルの法則を表す，双曲線であった）。

すべての点が，現実に存在する「安定な」状態を表しているわけではないことに注意する。後に議論する（7章，8章）。

ファンデルワールスの状態方程式

理想気体（ここでは 1 モルの気体について表す）：$pV = RT$

$$\left(p + \frac{a}{V^2}\right)(V - b) = RT \quad (1)$$
ファンデルワールスの状態方程式：

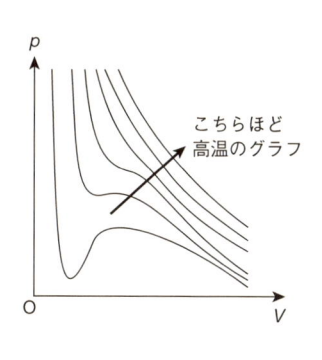

こちらほど高温のグラフ

他の状態方程式モデルとして
・ベルトロー
・ディーテリチ
・クラウジウス
・ビーティ・ブリッジマン
などがありマス

独立変数とグラフ

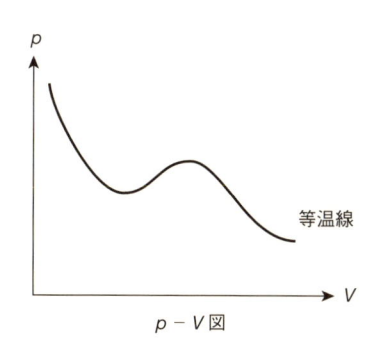

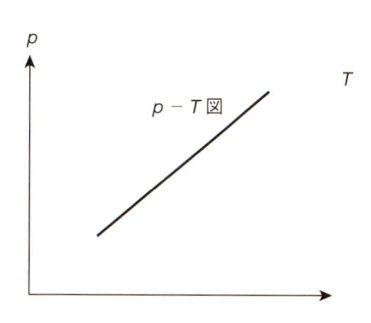

等温線

$p - V$ 図

$p - T$ 図

第8節 ビリアル展開

状態方程式を一般的な視点で考察する。

●ビリアル展開

近似の一手法として，関数をべき級数で展開することがある。そこで，状態方程式の理想気体からのずれを，小さい量のべき級数で表し，実在気体の状態方程式に近づけていこう。

小さい量には何を選べばよいであろうか。状態方程式は一定量の気体に対して，温度，圧力，体積の間の1つの関係式であるから，ずれを表すにもいろいろな書き方が可能だ。

経験的には，一般の実在気体は，高温・低密度ではほぼ理想気体のように振る舞う。そこで，(1)のように，体積Vの逆べきの級数の形をとることにしよう。こうすれば，低密度（体積大）のとき，理想気体の状態方程式になる。式(1)を見てもらうとわかるが，ずれを$1/V$の級数で補正しようというわけだ。粒子数も勘案することにすれば，(N/V)のべき級数，ということになるのが自然であろう。このような状態方程式を表す形式を，ビリアル展開と呼ぶ。

この状態方程式は，実在気体の振る舞いをよく再現する。

級数の各項の係数を，ビリアル係数と呼ぶ。これは温度の関数である。(1)の右辺第1項は1。第2項の係数を，第2ビリアル係数と呼ぶ。一般に，$(N/V)^k$の係数を第$(k+1)$ビリアル係数と呼ぶ…まあ，そう名付けちゃったので，しょうがない。

例として，ファンデルワールスの状態方程式のビリアル展開を右ページに示した。

COLUMN

ビリアル（virial）とはもともとギリシャ語の「力」という意味である。あとにもでてくるクラウジウスが初めにビリアルという量を定義した。これが状態方程式の近似式と関係した量だったので，状態方程式の展開をビリアル展開などと呼ぶようになったのだ。

ビリアル展開

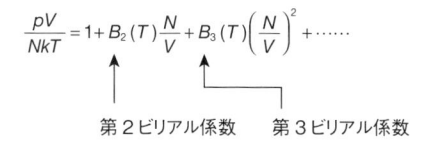

$$\frac{pV}{NkT} = 1 + B_2(T)\frac{N}{V} + B_3(T)\left(\frac{N}{V}\right)^2 + \cdots \cdots \quad (1)$$

↑ 第2ビリアル係数　　↑ 第3ビリアル係数

> k はボルツマン定数で
> $k = R/N_A$ デス。
> アボガドロ数は
> $N_A = N/n$ なので,
> $Nk = nR$ デス

ファンデルワールスの状態方程式のビリアル展開

1モルで考える。

ファンデルワースの状態方程式：$\left(p + \dfrac{a}{V^2}\right)(V - b) = RT$

$$\frac{pV}{RT} = \frac{V}{V-b} - \frac{aV}{RTV^2}$$
$$= 1 + \left(b - \frac{a}{RT}\right)\frac{1}{V} + \cdots$$

↑ 第2ビリアル係数

> ちなみに,
> 第2ビリアル係数がゼロになる温度を,
> ボイル温度と呼びマス
> (もっともボイルの法則がよく成り立つ温度)。

> ファンデルワース気体では
> ボイル温度は
> $T = \dfrac{a}{bR}$ デス

第9節 比熱

もっとも基本的かつ重要な物質の熱的性質。

●定積モル比熱

1モルの物質の温度を1度上昇させるのに必要な熱量をモル比熱と呼ぶ。ここでは物体を気体として考えよう。気体の体積を一定に保った状態でのモル比熱を定積モル比熱という（単に定積比熱ともいう）。気体の体積が一定ならば，気体は外へ仕事をしない。したがって，気体が吸収した熱量は内部エネルギーの増加分になるから定積モル比熱は（1）のようになる。（1）で，かっこの右下添え字は，その量が一定としていることを表す。

ところで，ある（熱平衡）状態の気体は，状態方程式により，温度と体積により状態が決まる。また，内部エネルギーは状態固有の量であると考えられるので，一般には，温度と体積の関数である。体積一定の条件で $ΔU$ は状態量の差（2）であるので，$ΔT$ がゼロの極限で，温度変数による偏微分として表される（3）。単原子分子の理想気体では，（4）である。

偏微分は，多変数関数の微分の1つで，他の変数を固定したまま，ある変数を変化させ，導関数を求めることである。ちなみに，全微分は，各変数を微小に変えたときの関数の微小変化を表す（5章第1節参照）。たとえば，内部エネルギーについては，（5）のようになる。

●定圧モル比熱

圧力が一定の場合のモル比熱が定圧モル比熱（定圧比熱）である。圧力が一定のもとで，気体が熱を吸収すると，その体積は膨張する。このとき，気体が外へする仕事は（圧力）×（体積変化）である。したがって，「気体の立場で」，外からされる仕事は，それにマイナスをつけたものである（6）。熱力学第1法則によれば，（7）となるので，定圧比熱は（8）である。圧力一定では，温度と体積が変わるから，（5）の全微分を用いて（9）（10），定圧比熱は（11）のようになる。

理想気体の場合は，内部エネルギーは体積によらないので（12），簡単に求まる（14）。これをマイヤーの式という。理想気体の定積比熱と定圧比熱の関係は，分子が単原子か多原子かによらないことに注意しよう。

定積モル比熱

$$C_V = \left(\frac{d'Q}{\Delta T}\right)_V = \left(\frac{\Delta U}{\Delta T}\right)_V \tag{1}$$

$$\Delta U = U(T + \Delta T, V) - U(T, V) \tag{2}$$

$$\boxed{\text{定積モル比熱}：C_V = \left(\frac{\partial U}{\partial T}\right)_V} \tag{3}$$

単原子分子理想気体 1 モルでは $U = \frac{3}{2}RT$ より $C_V = \frac{3}{2}R$ (4)

U の全微分：$dU = \left(\frac{\partial U}{\partial T}\right)_V dT + \left(\frac{\partial U}{\partial V}\right)_T dV$ (5)

定圧モル比熱

$$d'W = -p\Delta V \tag{6}$$

$$\Delta U = d'Q + d'W = d'Q - p\Delta V \tag{7}$$

定圧モル比熱：$C_p = \left(\dfrac{d'Q}{\Delta T}\right)_p = \left(\dfrac{\Delta U + p\Delta V}{\Delta T}\right)_p$ (8)

(5) を ∂T で割ると

$$\left(\frac{\partial U}{\partial T}\right)_p = \left(\frac{\partial U}{\partial T}\right)_V + \left(\frac{\partial U}{\partial V}\right)_T \left(\frac{\partial V}{\partial T}\right)_p \tag{9}$$

$$\left(\frac{\Delta U + p\Delta V}{\Delta T}\right)_p \to \left(\frac{\partial U}{\partial T}\right)_V + \left(\frac{\partial U}{\partial V}\right)_T \left(\frac{\partial V}{\partial T}\right)_p + p\left(\frac{\partial V}{\partial T}\right)_p \tag{10}$$

$$\boxed{C_p = C_V + \left\{\left(\frac{\partial U}{\partial V}\right)_T + p\right\}\left(\frac{\partial V}{\partial T}\right)_p} \tag{11}$$

理想気体（1 モル）では

$$\left(\frac{\partial U}{\partial V}\right)_T = 0 \quad （ジュールの実験，気体分子運動論により） \tag{12}$$

$$p\left(\frac{\partial V}{\partial T}\right)_p = R \quad （状態方程式により） \tag{13}$$

$$\boxed{C_p = C_V + R \quad （マイヤーの式）} \tag{14}$$

第10節 圧縮率

気体の性質を表すいくつかの測定可能量。

比熱の他にも，測定に関わる重要な物理量がある。

●（定圧）体膨張率

圧力一定で，ゆっくりと（準静的に）温度を微小変化させたときの体積の膨張比率を体膨張率という（1）。これと別に，熱の出入りのない（断熱の）場合の，断熱体膨張率，というものもある。

●等温圧縮率

温度一定の条件の下で，物体の圧力を増大させると，一般に体積は減少する。この減少の割合を（もとの体積との比率で）表したものが，等温圧縮率である（2）。式に負号が現れているが，これは，圧力が増えれば体積が減少するためで（微分が負になる），一般に等温圧縮率は正の値となるように定義してある。温度一定にするために，圧縮過程で熱の出入りがあることに注意しよう。

なお，圧縮率の逆数を体積弾性率と呼ぶこともある。

●断熱圧縮率

熱の出入りがない条件の下で，物体の圧力を増大させたとき，体積の減少の割合を（もとの体積との比率で）表したものが，断熱圧縮率である（3）。一般には，温度は断熱圧縮により上昇する。

●定積圧力係数

体積一定の条件の下，温度を変化させたときの，圧力の変化比率（4）。

●断熱温度係数

熱の出入りのないときの，圧力変化に対する温度変化を表す。

「断熱」のついたものについては，後にまた出てきたときに説明する。種々の量の間の関係も明らかになるだろう。

膨張率と圧縮率

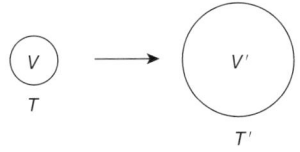

体膨張率：$\alpha_p = \dfrac{1}{V}\left(\dfrac{\partial V}{\partial T}\right)_p$ (1)

等温圧縮率：$\kappa_T = -\dfrac{1}{V}\left(\dfrac{\partial V}{\partial p}\right)_T$ (2)

断熱圧縮率：$\kappa_S = -\dfrac{1}{V}\left(\dfrac{\partial V}{\partial p}\right)_S$ (3)

定積圧力係数：$\beta = \dfrac{1}{p}\left(\dfrac{\partial p}{\partial T}\right)_V$ (4)

理想気体の場合
$$\begin{cases} \kappa_T = \dfrac{1}{p} \\ \alpha_p = \dfrac{1}{T} \\ \beta = \dfrac{1}{T} \end{cases}$$

ファンデルファールス気体について，κ_T, α_p, β はどう表されているかな？

第 10 節 ★ 圧縮率

第2部
第2法則とエントロピー

CHAPTER 3 ▶▶▶ いろいろな変化と熱機関

第1節 いろいろな変化

……ある平衡状態からじわじわと別の平衡状態に動かす。

　この章でいう「変化」（過程ともいう）は，ある熱平衡状態から別の熱平衡状態に変える過程・行程である。

● 準静的変化

　準静的変化は，非常にゆっくりと，状態を表す量（状態量）を変えていく変化で，途中どの時点においても，ほとんど熱平衡状態であるような変化である。変化を逆に追っていくことが可能である。準静的変化は，逆の変化で元の熱平衡状態に戻るので，可逆変化といわれる。

　また，準静的変化はどの時点でもほぼ熱平衡状態なので，状態量が常に定義される。このため，準静的変化は，状態変数の空間内の曲線として表すことができる。たとえば，$p\text{-}V$ 図や $p\text{-}T$ 図がその例である。

　準静的変化では，状態量のうち，何を一定にして何を変化させるかが，キーポイントである。この本では，以下に説明する変化はすべて，準静的変化とする。

　ちなみに，ジュールの実験における断熱自由膨張は，不可逆変化である。なぜならば，気体の圧力は突然変化し，至るところで違う値になっているからである（…ほんとは突然変化するとき「圧力」という状態を示す用語を用いてよいのか怪しい）。なお，静的変化という言葉は熱力学では出てこない．

COLUMN

　ジュールは，図のような容器の片方にある気体を，栓をあけることによって自由膨張させる実験を行った。この結果，気体の温度が変化しないことがわかり，（理想気体とみなせる場合）内部エネルギーは体積によらないことが判明した。

準静的変化

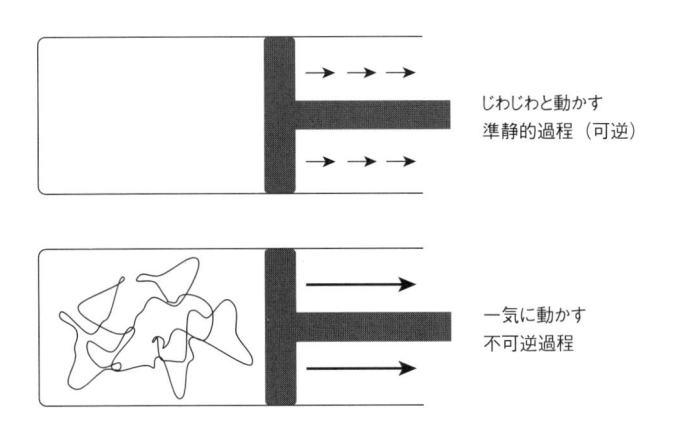

じわじわと動かす
準静的過程（可逆）

一気に動かす
不可逆過程

『力学』における，
位置エネルギーの説明……
ほぼ釣り合いの状態でゆっくりと動かす
……と似ていないでもないネ

"変化"を
"1コマ1コマ"の連続した
アニメのようにとらえるのデス

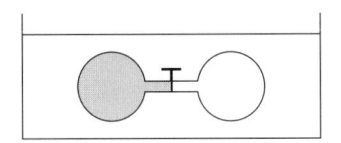

こらむ

ジュールの実験の装置

●**定圧変化**

　圧力を一定に保ったまま行われる変化。体積が変化するので，仕事のやりとりが発生する。わたしたちがふつうにやる実験は大気圧下なので，定圧変化である。

●**定積変化**

　体積を一定に保ったまま行われる変化。仕事のやりとりはない。したがって，熱の出入りが内部エネルギーの変化になる。

●**等温変化**

　温度一定のもとでの準静的変化。温度一定の熱源に接触させ，平衡を保ちながら行われる。熱源は熱浴ともいい，熱の授受があっても，温度は一定のままと考える。強調しておくが，熱の出入りはある。理想気体の場合，内部エネルギーは温度のみによるので，熱の出入りと体積変化による仕事は等量である。

●**断熱変化**

　物体に外からの熱の吸収がなく，外への放出もない状況での準静的変化。熱の出入りがないので，気体の内部エネルギーの変化は体積変化に伴う仕事の分である。理想気体についてはポアソンの関係式（1）が導かれる。

●**断熱変化の例**

　よく知られているように，高い山の上では気温が低い。このことを，空気を理想気体と見て，調べてみよう。

　高さによる圧力の変化は，空気の重さによるものだから，力学的釣り合いにより（2）である。理想気体では状態方程式から（3）と書き直せる。ここで，断熱変化の関係（4）を使えば，（5）となる。数値を入れてみると（2原子分子が主なので $\gamma \fallingdotseq 7/5$），実際よりやや激しい変化率（$\fallingdotseq 10℃/km$）になる。これは水蒸気の凝縮などを無視しているからである。

過程の種類

- 定圧変化 …… $p = $ 一定
- 定積変化 …… $\Delta V = 0$, $\Delta U = d'Q$
- 等温変化 …… $T = $ 一定
  理想気体の場合, $\Delta U = 0$, $d'Q = p\Delta V$
- 断熱変化 …… $d'Q = 0$, $\Delta U = -p\Delta V$

理想気体ではこの式から $\dfrac{C_V \Delta T}{T} = -\dfrac{R\Delta V}{V}$ が得られ,

$TV^{\gamma-1} = $ 一定　または　$pV^{\gamma} = $ 一定（ポアソンの関係式） (1)

が導かれる。ここで $\gamma = \dfrac{C_V + R}{C_V} = \dfrac{C_p}{C_V}$ 。

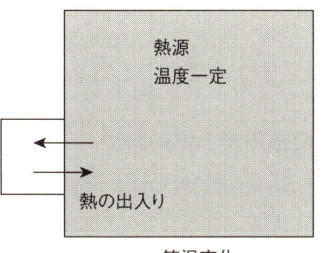

一般に, $\gamma = \dfrac{C_p}{C_V}$ （>1) を比熱比と呼ぶ。

等温変化

断熱変化の例

$\Delta p = -\rho g \Delta z$ (2)

ρ：空気の質量密度
g：重力加速度

$\Delta p = -\dfrac{mgp}{RT}\Delta z$ (3)

m：空気1モルの質量

$\dfrac{\Delta T}{T} = \dfrac{\gamma - 1}{\gamma}\dfrac{\Delta p}{p}$ (4)

$\dfrac{\Delta T}{\Delta z} = -\dfrac{\gamma - 1}{\gamma}\dfrac{mg}{R}$ (5)

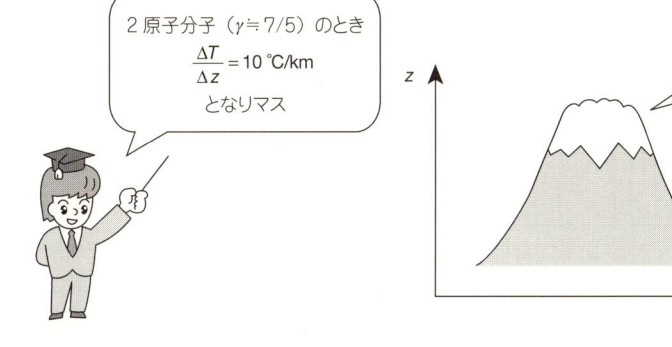

2原子分子（$\gamma \fallingdotseq 7/5$）のとき
$\dfrac{\Delta T}{\Delta z} = 10$ ℃/km
となりマス

寒い！

第2節 熱機関…カルノーサイクル

熱を出し入れ，仕事もしたりされたりで1周まわって元通り。

● **高温熱源と低温熱源**

　前に述べたように，熱源は，熱の授受があっても，温度は一定のままである。熱機関では，2つの温度の熱源を用いる。高温熱源から熱を吸収し，その一部を仕事に変え，残りを低温熱源に捨てる。このようにして，熱機関は熱から仕事を得る。

● **カルノーサイクル**

　熱機関はいくつかの行程を経て，仕事をする。その一行程をサイクルという。このサイクルでもっとも重要なものにカルノーサイクルがある。
　カルノーサイクルは，以下の4つの準静的変化で構成される。「サイクル」と名が付くくらいなので，4つの変化のあと，初めの状態へ戻る。

① 温度 T_H の高温熱源に接して，等温変化で熱 Q_H（>0）を受け取る。
② 熱源から切り離し，断熱変化により，温度を T_H から T_L に下げる。
③ 温度 T_L の低温熱源に接して，等温変化で熱 Q_L（>0）を放出する。
④ 熱源から切り離し，断熱変化により，温度を T_L から T_H に上げる。

　カルノーサイクルでは，高温熱源からもらった熱の一部は低温熱源に移すが，その差は外に対する仕事になる。したがって，もっとも簡単な熱機関といってよく，この意味で「カルノー機関」と呼ぶことがある。熱力学第1法則により，（1）（2）が成り立つ。
　カルノー機関の効率を（3）で定義する。実は，カルノー機関の効率は，熱源の温度のみに依存し，作業物質（変化する物体の種類）によらない…後に見ていく。
　準静的変化のみから構成される，カルノーサイクルは，逆転（逆行）させることができる。どんな準静的変化のみから構成されるサイクルも，無限小のカルノーサイクルの繰り返しと考えることができる。

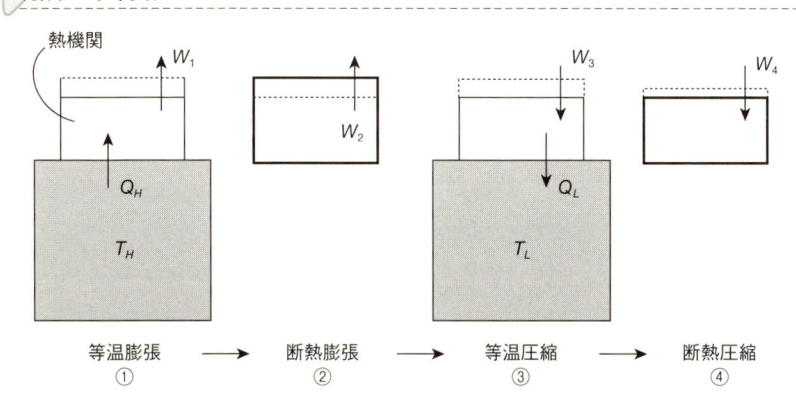

カルノーサイクル

等温膨張 ① → 断熱膨張 ② → 等温圧縮 ③ → 断熱圧縮 ④

熱力学第 1 法則により
$$\Delta U = 0 = Q_H - Q_L + W \qquad (1)$$
外へしている仕事 $= -W = Q_H - Q_L \qquad (2)$

カルノー機関の効率：η
$$\eta = \frac{(外へしている仕事)}{(高温熱源から吸収する熱)} = \frac{Q_H - Q_L}{Q_H} \qquad (3)$$

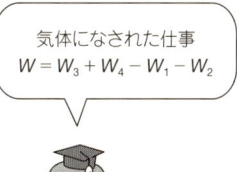

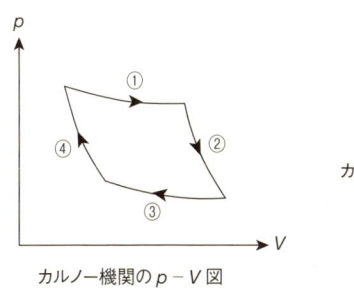

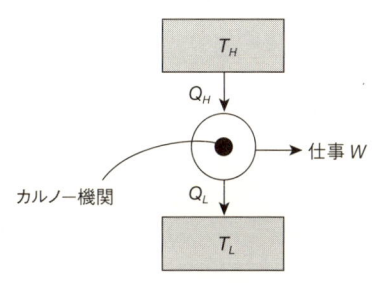

気体になされた仕事
$W = W_3 + W_4 - W_1 - W_2$

カルノー機関の $p-V$ 図

カルノー機関の模式図

上と違って外へしている仕事を W とする

第3節 カルノー機関の効率…理想気体の場合

カルノー機関から温度が定義される。

●理想気体の場合

　理想気体1モルを作業物質としたときに，カルノー機関の効率を求めてみよう。理想気体の状態方程式とポアソンの式から，(1)～(4)が成り立つ。

　状態1から状態2への等温変化で高温熱源から吸収する熱Q_Hは(5)で与えられる。状態3から状態4への等温変化で低温熱源に放出する熱Q_Lは(6)で与えられる。それぞれ等温変化であり，理想気体の内部エネルギーは一定なので熱の出入りはすべて仕事になっている。(2)と(4)からVの比が得られ，これと(5), (6)から(7)がわかる。よって，効率は(8)のようになる。つまり，カルノー機関の効率は，高温熱源と低温熱源の温度の比のみで決まる。当然，作業物質によらない。

●熱力学的温度

　上で見たように，カルノーサイクルの効率は，熱源の温度の比で決まる。逆に(7)の熱の比から温度を定めることもできる。

　理想気体でなくても，熱の比から温度が決められるとして問題はない。カルノー機関を2つつなげた機関（可逆機関）を考える。熱源の情報θから熱の移動量の比が決まると仮定して，(9)(10)としたとき，図のように2つを繋いだ機関は右の機関と等価で，中間の熱源の温度によらないことから，(11)が成り立つことがわかる。(9)(10)(11)より，(12)のような形で熱量の比が決められることから，温度の尺度を決めることができる。このようにして決める温度を，熱力学的温度という。$T(\theta) = \theta$とすれば，普通の温度と変わらない。もちろん，基準となる温度は1つ必要であるが。

COLUMN

　カルノーサイクルを逆行運転すると，仕事を与えて熱を運ぶことができる…原理的にはエアコンだね。

理想気体の場合

$p_1V_1 = p_2V_2 = RT_H$ (1)

$T_H V_2^{\gamma-1} = T_L V_3^{\gamma-1}$ (2)

$p_3V_3 = p_4V_4 = RT_L$ (3)

$T_L V_4^{\gamma-1} = T_H V_1^{\gamma-1}$ (4)

$Q_H = \int_{V_1}^{V_2} pdV = RT_H \log \dfrac{V_2}{V_1}$ (5)

$Q_L = \int_{V_4}^{V_3} pdV = RT_L \log \dfrac{V_3}{V_4}$ (6)

(2) (4) より、$\dfrac{V_2}{V_1} = \dfrac{V_3}{V_4}$ なので、

$\dfrac{Q_H}{T_H} = \dfrac{Q_L}{T_L}$ (7)

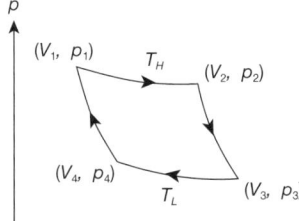

したがって

$$\eta = \dfrac{Q_H - Q_L}{Q_H} = \dfrac{T_H - T_L}{T_H} \qquad (8)$$

$\int \dfrac{dx}{x} = \log x + C$
$\log x$ は自然対数

熱力学的温度

$\dfrac{Q''}{Q'} = f(\theta', \theta'')$ (9)

$\dfrac{Q'}{Q} = f(\theta, \theta')$ (10)

$\dfrac{Q''}{Q} = f(\theta, \theta'')$ (11)

$\to f(\theta, \theta'') = f(\theta, \theta') \cdot f(\theta', \theta'')$

$\to f(\theta_1, \theta_2) = \dfrac{T(\theta_2)}{T(\theta_1)}$ と書ける。 (12)

$T(\theta)$ を温度とする
↑
熱力学的温度

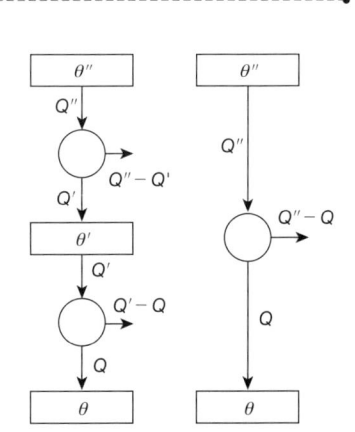

第4節 いろいろな熱機関

この節は、とばしてかまいません…というより、「休憩」といったところ。

この節では、カルノーサイクル以外の代表的なサイクルを紹介する。参考程度にとどめて飛ばしてもらってもかまわない。以下は1モルの理想気体を用いたサイクルである。

●オットーサイクル（ガソリンエンジン）

断熱変化と定積変化で形成される熱機関である。

図で、ABとCDの変化は定積変化なので、気体は外に仕事をしない。

BCの断熱変化では、熱の出入りがないため、外への仕事 W_{BC} は気体の内部エネルギーの変化分に等しい。したがって（1）である（添え字でどの状態の変数かを表す）。

同様に断熱変化DAでは外への仕事 W_{DA} は（2）で与えられる。

また、ABで気体が吸収する熱量 Q_{in} は（3）、CDで気体が放出する熱量 Q_{out} は（4）である。熱力学第1法則は（5）のように成り立っていることに注意しよう。

この機関の効率は（6）であるが、（1）（2）（3）を使うと（7）のように書ける。また、BCとDAが断熱変化であることから（8）と（9）が成り立つ。さらに（10）であることにより（11）、（12）が得られる。ここで V_S/V_L は圧縮比と呼ばれる。

COLUMN

ガソリンエンジンはほぼこのようなサイクルである。ただし、Dのところで、排気吸気を行うので、図でいえばDから水平に $V=0$ までの直線が付け足されることになる（けど、熱力学的考察としては無視）。実際のエンジンでは、断熱圧縮の後、プラグなどで点火、爆発によってABのようにほぼ定積で圧力があがる。そして、BCでエンジンのピストンを動かす。圧縮比が小さいほど効率がいいわけだが、実際のエンジンでは圧縮しすぎると燃料が自己着火してしまうため、圧縮比はほどほどに抑えられている。

オットーサイクル

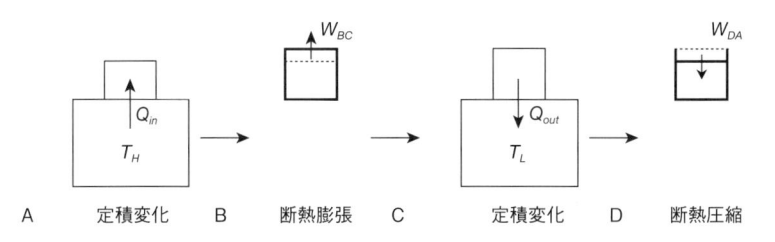

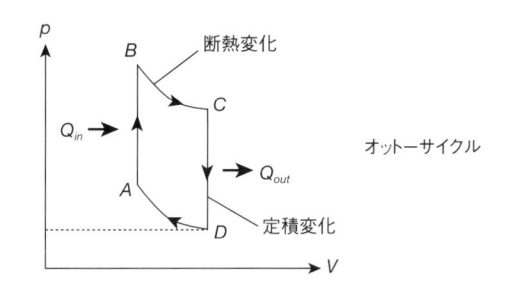

A　定積変化　B　断熱膨張　C　定積変化　D　断熱圧縮

オットーサイクル

理想気体では定積変化で $\Delta U = C_V \Delta T$

$\begin{cases} W_{BC} = C_V(T_B - T_C) > 0 & \text{(1)} \\ W_{DA} = C_V(T_D - T_A) < 0 & \text{(2)} \\ Q_{in} = C_V(T_B - T_A) > 0 & \text{(3)} \\ Q_{out} = C_V(T_C - T_D) > 0 & \text{(4)} \end{cases}$

熱力学第1法則：$W_{BC} + W_{DA} = Q_{in} - Q_{out}$　　(5)

$\eta = \dfrac{W_{BC} + W_{DA}}{Q_{in}}$　　(6)

$= 1 - \dfrac{T_C - T_D}{T_B - T_A}$　　(7)

$\left. \begin{array}{l} T_B V_B^{\gamma-1} = T_C V_C^{\gamma-1} \\ T_A V_A^{\gamma-1} = T_D V_D^{\gamma-1} \end{array} \right\}$ 断熱変化　　(8), (9)

$V_A = V_B \equiv V_S, \ V_C = V_D \equiv V_L$　　(10)

$\dfrac{T_A}{T_B} = \dfrac{T_D}{T_C}$　　(11)

$\eta = 1 - \dfrac{T_C}{T_B} = 1 - \left(\dfrac{V_S}{V_L}\right)^{\gamma-1}$　　(12)

● ブレイトンサイクル

　断熱変化，定圧変化で形成される熱機関である。ジュールサイクルともいう。
　外への仕事は，AB では（2），BC では（3），CD では（4），DA では（5）で与えられる。AB で吸収する熱量は（6），CD で放出する熱量は（7）である。熱力学第 1 法則は，マイヤーの関係式（2 章第 9 節）を用いることによって理解される（8）。
　効率は（9）であるので，上の式を代入すると（10）の形に書ける。BC と DA が断熱変化であることから，（11）（12）が成り立つが，これらと（1）により（13）がわかり，結局（14）である。これらのことから，ブレイトンサイクルの効率は（15）のように表すことができる。

Column

　ジェットエンジンやガスタービンはブレイトンサイクルに似ている。火力や原子力発電では，AB の変化がボイラーによってなされ，BC の変化でタービンを回す（CD では復水器などを使う）。

● ディーゼルサイクル

　断熱変化，定積変化，断熱変化，定圧変化のサイクルである。
　AB で気体の吸収する熱量は（1），CD で気体の放出する熱量は（2）で与えられる。熱力学第 1 法則を使うと，効率は（3）となる。BC と DA が断熱変化であること（4）（5），それと状態方程式，および $p_A=p_B$，$V_C=V_D$ を用いると，（6）であることがわかり，また状態方程式から（7）がわかるので，効率は（8）のように表すことができる。

Column

　ディーゼルエンジンは DA に相当する断熱圧縮により燃料が点火し，ほぼ定圧で燃える。

ブレイトンサイクル

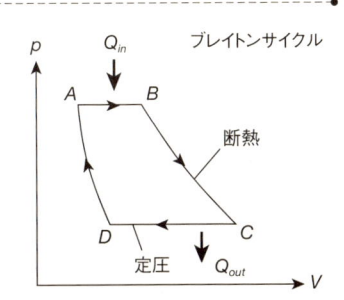

$p_A = p_B \equiv p_H, \ p_C = p_D \equiv p_L$ (1)

$W_{AB} = p_H(V_B - V_A) = R(T_B - T_A) > 0$ (2)

$W_{BC} = C_V(T_B - T_C) > 0$ (3)

$W_{CD} = p_L(V_D - V_C) = R(T_D - T_C) < 0$ (4)

$W_{DA} = C_V(T_D - T_A) < 0$ (5)

$Q_{in} = C_p(T_B - T_A) > 0$ (6)

$Q_{out} = C_p(T_C - T_D) > 0$ (7)

$W_{AB} + W_{BC} + W_{CD} + W_{DA} = (C_V + R)(T_B - T_A + T_D - T_C)$
$= C_p(T_B - T_A + T_D - T_C) = Q_{in} - Q_{out}$ (8)

効率 $\eta = \dfrac{W_{AB} + W_{BC} + W_{CD} + W_{DA}}{Q_{in}}$ (9)

$\quad = 1 - \dfrac{T_C - T_D}{T_B - T_A}$ (10)

$p_B V_B^\gamma = p_C V_C^\gamma$ (11)

$p_A V_A^\gamma = p_D V_D^\gamma$ (12)

$\dfrac{V_B}{V_A} = \dfrac{V_C}{V_D}$ (13)

$\dfrac{T_A}{T_B} = \dfrac{T_D}{T_C}$ (14)

$\eta = 1 - \dfrac{T_C}{T_B} = 1 - \left(\dfrac{p_L}{p_H}\right)^{\frac{\gamma-1}{\gamma}}$ (15)

ディーゼルサイクル

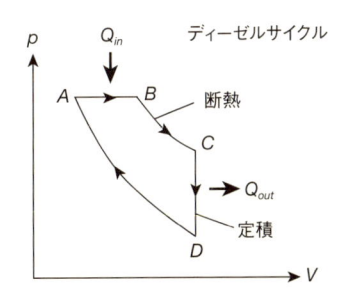

$Q_{in} = C_p(T_B - T_A) > 0$ (1)

$Q_{out} = C_V(T_C - T_D) > 0$ (2)

$\eta = 1 - \dfrac{Q_{out}}{Q_{in}} = 1 - \dfrac{C_V(T_C - T_D)}{C_p(T_B - T_A)} = 1 - \dfrac{T_C - T_D}{\gamma(T_B - T_A)}$ (3)

$T_B V_B^{\gamma-1} = T_C V_C^{\gamma-1}$ (4)

$T_A V_A^{\gamma-1} = T_D V_D^{\gamma-1}$ (5)

$T_C - T_D = \dfrac{T_B V_B^{\gamma-1}}{V_C^{\gamma-1}} - \dfrac{T_A V_A^{\gamma-1}}{V_D^{\gamma-1}}$
$= \dfrac{1}{R}\left(\dfrac{p_B V_B^\gamma}{V_C^{\gamma-1}} - \dfrac{p_A V_A^\gamma}{V_D^{\gamma-1}}\right)$
$= \dfrac{p_B}{R V_C^{\gamma-1}}(V_B^\gamma - V_A^\gamma)$ (6)

$T_B - T_A = \dfrac{p_B}{R}(V_B - V_A)$ (7)

$\eta = 1 - \dfrac{1}{\gamma} \dfrac{\left(\dfrac{V_B}{V_C}\right)^\gamma - \left(\dfrac{V_A}{V_C}\right)^\gamma}{\left(\dfrac{V_B}{V_C}\right) - \left(\dfrac{V_A}{V_C}\right)}$ (8)

●スターリングサイクル

　等温変化と定積変化で形成される熱機関である。

　気をつけるのは，断熱変化を含まず，すべての変化において熱の出入りがあることである。仕事をするのは，等温変化においてである。まず，ABの変化で気体のする仕事は（2），CDの変化で気体のする仕事は（3）である。それぞれ等温変化で，気体の内部エネルギーは変わらないので，ABで気体が吸収する熱量は W_{AB}，CDで気体が吸収する熱量は $-W_{CD}$ である。

　DAで気体の吸収する熱量は（4），BCで気体の放出する熱量は（5）で与えられる。これらの量は等しい。

　効率だが，普通に吸収する熱量で仕事の総量を割ってやると，（6）となる。

　ここで，定積変化では熱の吸収量と放出量が等しいことに着目しよう。この熱を「リサイクル」できないだろうか。たとえば2つのスターリングサイクルを半分ずらしておいて，熱のやりとりをする（実際は，熱を蓄えておく「蓄熱器」が必要だが）。まあとにかく原理的に可能なので，この考えを採用してみる。

　このときは，気体に入る熱量は，ABの変化の際の大きさ W_{AB} の熱量と考えてよいから，この場合効率は（7）のようになり，カルノーサイクルと同等になる（両者とも2つの熱源）。

> （6）では
> マイヤーの式を
> 使ったよ

COLUMN

　模型のスターリングエンジンは，複数の会社から販売されている。お試しあれ（と言いながら，著者は触ったこともない！）。

スターリングサイクル

| A 等温膨張 | B 定積変化 | C 等温圧縮 | D 定積変化 |

スターリングサイクル

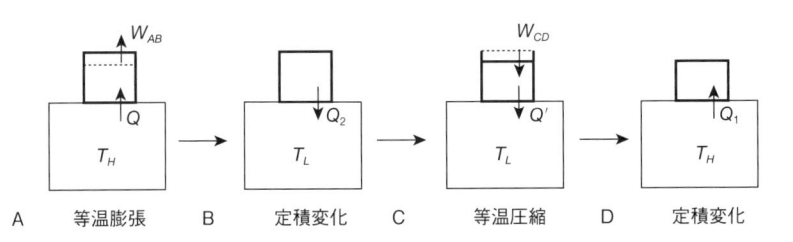

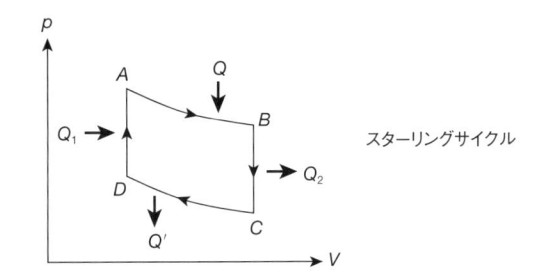

$$T_A = T_B = T_H,\ T_C = T_D = T_L,\ V_A = V_D = V_S,\ V_B = V_C = V_L \tag{1}$$

$$W_{AB} = \int_B^C p\,dV = RT_H \log \frac{V_L}{V_S} = Q > 0 \tag{2}$$

$$W_{CD} = \int_D^A p\,dV = RT_L \log \frac{V_S}{V_L} = -Q' < 0 \tag{3}$$

$$Q_1 = C_V(T_A - T_D) = C_V(T_H - T_L) > 0 \tag{4}$$

$$Q_2 = C_V(T_B - T_C) = C_V(T_H - T_L) = Q_1 > 0 \tag{5}$$

$$\eta = \frac{W_{AB} + W_{CD}}{Q_1 + W_{AB}} = \frac{(T_H - T_L)\log \frac{V_L}{V_S}}{T_H \log \frac{V_L}{V_S} + \frac{T_H - T_L}{\gamma - 1}} \tag{6}$$

$$\eta = \frac{W_{AB} + W_{CD}}{W_{AB}} = \frac{(T_H - T_L)\log \frac{V_L}{V_S}}{T_H \log \frac{V_L}{V_S}} = 1 - \frac{T_L}{T_H} \tag{7}$$

CHAPTER 4 ▶▶▶ 熱力学第 2 法則

第1節 熱力学第 2 法則とは何か

説明だけ聞くと当たり前のことに思えるのだが…。

●熱力学の第 2 法則

　自然界で実際に起きる現象のほとんどは不可逆である…すなわち，映画のフィルムを逆回しにしたような現象は「不自然」である。
　一番よくわかる，かつ不可逆な現象として，「熱いお茶は，やがて冷める」，はいかがだろうか？　この本のはじめのほうでも，何気なく述べたが，違う温度の物体はやがて熱平衡状態，共通の温度になってゆく。つまり高温の物体から低温の物体へという熱の決まった流れの方向があるということだ。熱力学の第 2 法則は，このような自然界の不可逆性について述べている。

●クラウジウスの原理

　クラウジウスはこの不可逆性を
『他に何も変化を残さずに，熱を低温から高温へ移すことはできない』
と述べた。これは，経験事実をよく表している。これは熱力学の第 2 法則の 1 つの表現である。

●トムソンの原理

　また，次のトムソンの原理：
『外から吸収した熱をすべて仕事に変え，それ自身は元の状態に戻れるような装置を作ることは不可能である』
も熱力学の第 2 法則を表している，といわれる。外の熱を全て仕事に変えてしまうような機関は，第 2 種永久機関と呼ばれ，経験的には作成は不可能である。
　これら異なるように見える 2 つの原理の間の関係について，熱機関についての考察を通して考えてみよう。

熱力学第2法則

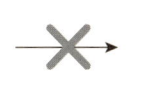

お湯が自然に
凍ることはない！

クラウジウスの原理

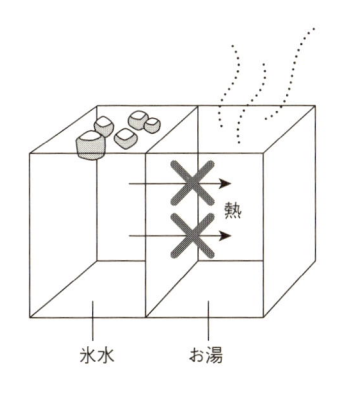

氷水　お湯

氷水からお湯に
熱が移動することはない！

トムソンの原理

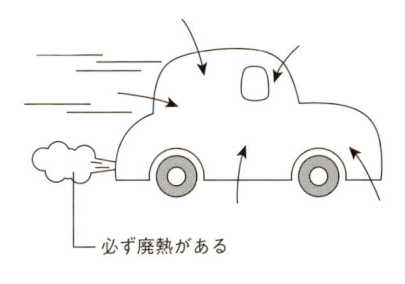

必ず廃熱がある

外の熱を吸収して
それを全て動力にしてしまう
ことはできないのデス

第2節 熱力学第2法則の言い換え

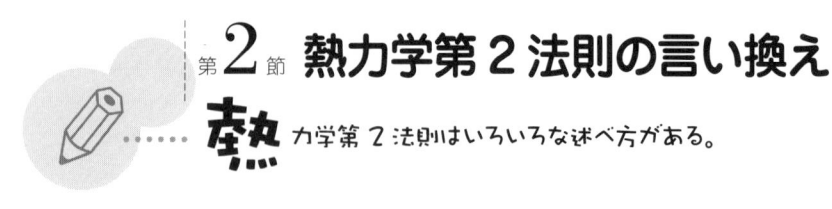

熱力学第2法則はいろいろな述べ方がある。

熱力学第2法則にはいくつかの言い換えがある。それをまとめてみよう。

●クラウジウスの原理
『氷からお湯に熱は移動しない！ 他に何も変化を残さずに，熱を低温から高温へ移すことはできない』

●トムソンの原理
『空気から熱を取り出して，そのまま仕事にすることはできない！ 外から吸収した熱をすべて仕事に変え，それ自身は元の状態に戻れるような装置を作ることは不可能である』＝第2種永久機関は，アリエナイ。

●オストワルドの原理
『第2種永久機関は存在しない』

●プランクの原理
『摩擦によって熱の発生する現象は不可逆である』

●カラテオドリの原理
『ある系の1つの状態の任意の近傍に，その状態から断熱変化によっては到達できない他の状態が存在する』

たとえば，逆にどんな状態にも断熱変化で到達できるとすれば，ある状態Aから等温変化で到達した状態Bまで，断熱変化で移ることが可能ということになる。A（等温変化→）B（断熱変化→）Aはサイクルとなる。等温変化のときに吸収した熱量を断熱変化ですべて仕事に変えられることになり，トムソンの原理と矛盾する！

熱力学第 2 法則

クラウジウス: 他に何も変化を残さずに、熱を低温から高温へ移すことはできない

トムソン: 外から吸収した熱をすべて仕事に変え、それ自身は元の状態に戻れるような装置を作ることは不可能である

オストワルド: 第2種永久機関は存在しない

プランク: 摩擦によって熱の発生する現象は不可逆である

カラテオドリ: ある系の1つの状態の任意の近傍に、その状態から断熱変化によっては到達できない他の状態が存在する

第3節 カルノーの原理

またしてもカルノーが登場。

● カルノーの原理

カルノーの原理：
『カルノーサイクルよりも効率のよい熱機関はない』
も，熱力学の第2法則を表している。ではそのことを見てみよう。

● カルノーの原理とクラウジウスの原理

仮に，カルノー機関よりも効率のよい機関があったとしよう。そんな機関があったらとっても便利なので，「超ウルトラ機関」と名付ける。

まず，この「超ウルトラ機関」を働かせて仕事を得る。この仕事を使って，カルノー機関を逆行運転する。

2つの機関で同じ高温熱源・低温熱源を用いるとすると，「超ウルトラ機関」が高温熱源から得た熱量よりも，カルノー機関が高温熱源に放出する熱量のほうが多い（左図と中図の組み合わせは右図に等価）。この差はもちろん（熱力学第1法則により）低温熱源での熱のやりとりの差からきているので，結局，低温熱源から高温熱源に熱が移動したことになる。これはクラウジウスの原理に反する。

● カルノーの原理とトムソンの原理

また，「超ウルトラ機関」を働かせて，仕事を得る。この仕事の"一部"を使ってカルノー機関を逆行運転し，「超ウルトラ機関」が低温熱源に捨てた熱をそっくり吸収するようにできる。「超ウルトラ機関」はカルノー機関より効率がよいからである。熱力学の第1法則により，結果として，高温熱源からの熱が，そっくり仕事に変わったことになる（左図と中図の組み合わせは右図に等価）。これはトムソンの原理に反する。

結局，カルノーの原理，クラウジウスの原理，トムソンの原理はみな等価である。

カルノーの原理

> カルノーサイクルよりも効率のよい熱機関はない。

カルノーの原理とクラウジウスの原理

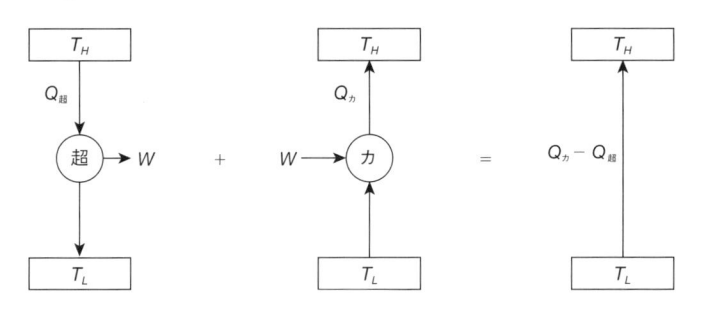

効率：$\eta_{超} = \dfrac{W}{Q_{超}} > \eta_{カ} = \dfrac{W}{Q_{カ}} \to Q_{カ} - Q_{超} > 0$

```
[T_H]              [T_H]              [T_H]
 │Q_超              ↑Q_カ              ↑
 ↓                  │                  │Q_カ − Q_超
(超)→W    +    W→(カ)    =           
 │                  ↑                  
 ↓                  │                  
[T_L]              [T_L]              [T_L]
```

カルノーの原理とトムソンの原理

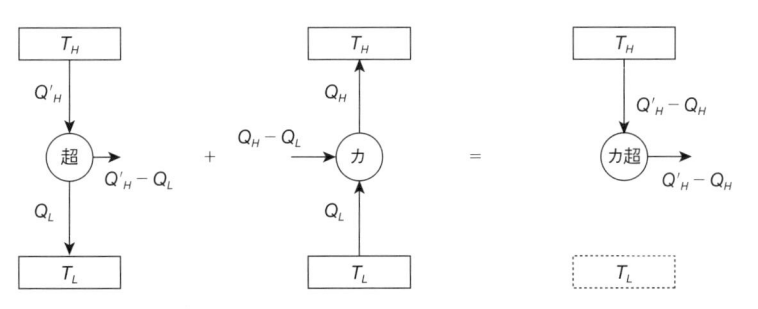

効率：$\eta_{超} = 1 - \dfrac{Q_L}{Q'_H} > \eta_{カ} = 1 - \dfrac{Q_L}{Q_H} \to Q'_H - Q_H > 0$

```
[T_H]              [T_H]                  [T_H]
 │Q'_H              ↑Q_H                   │Q'_H − Q_H
 ↓                  │                      ↓
(超)→Q'_H−Q_L  + Q_H−Q_L→(カ)    =    (カ超)→Q'_H − Q_H
 │                  ↑                      
 ↓Q_L               │Q_L                   
[T_L]              [T_L]                  [T_L]
```

> 結局，カルノーの原理はクラウジウスの原理やトムソンの原理と等価なのデス

第4節 クラウジウスの不等式…エントロピーにむけて

カルノー機関じゃない機関の場合。

●機関の効率

ある機関の効率がカルノー機関よりも良くないとき，効率を表す式から，(1) がいえる。気体（作業物質）が吸収する熱で統一して考えると (3) となる。名前を付け替えるときれいに書けて（温度 T_1 の熱源から熱量 Q_1 を吸収，温度 T_2 の熱源から熱量 Q_2 を吸収），(4) のようになる。

●クラウジウスの不等式

温度の異なる熱源をたくさん用意して，1つのサイクルを構成してみよう。図のように，共通の熱源（温度 T）を用いたカルノー機関が n 個ある場合を考える。温度 T の熱源から各カルノー機関は Q'_i の熱を吸収し，各固有の熱源（温度 T_i）に Q_i の熱を捨てる。それぞれの温度の異なる熱源に捨てた熱は，すべてまとめて一般のサイクル機関 C で使う。ただし，これらの Q'_i や Q_i の中には，負のもの（図で下から上へと移動するもの）もあることに注意しよう。つまり，逆行運転しているカルノー機関もあるということである。

各カルノー機関は $Q'_i - Q_i$ の仕事，C は $Q_1 + Q_2 + \cdots + Q_n$ の仕事をする。全体を1つの機関として考えると，$Q'_1 + Q'_2 + \cdots + Q'_n$ の仕事をするわけだが，これは共通熱源（温度 T）から吸収した熱の総量に等しい。

もし，この仕事が正ならば，ただ1つの熱源からの熱が全てひとりでに仕事に変わったこととなり，トムソンの原理に反する。したがって，(5) である。

各カルノー機関においては (2) より，(6) が成り立つ。これを (5) に代入すれば，(7) を得る。

つまり，前節で扱った現実の単一機関の場合の拡張として，全体のサイクルを1回りしたときに関係式 (7) を得た。これがクラウジウスの不等式である。

なお，カルノーサイクルを組み合わせると，(任意の) 可逆な機関が作れる。右図のように任意の可逆機関はカルノーサイクルに分割できる。斜めの線の過程は結果として打ち消されるためである。可逆機関の場合はクラウジウスの不等式は等式となる。

このクラウジウスの不等式が次のエントロピー導入の布石となる。

機関の効率

$\dfrac{Q_H - Q_L}{Q_H} < \dfrac{T_H - T_L}{T_H}$ （カルノーの原理）より，$\dfrac{Q_H}{T_H} - \dfrac{Q_L}{T_L} < 0$ (1)

カルノーサイクルでは，$\dfrac{Q_H}{T_H} = \dfrac{Q_L}{T_L}$ (2)

気体（作業物質）が吸収する熱で統一して考えると

$\dfrac{Q_H}{T_H} + \dfrac{-Q_L}{T_L} < 0$ (3)

$\dfrac{Q_1}{T_1} + \dfrac{Q_2}{T_2} < 0$ (4)

クラウジウスの不等式

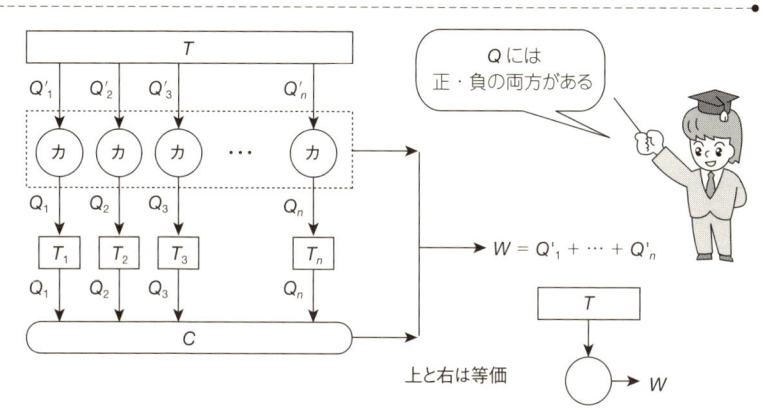

$W = Q'_1 + Q'_2 + \cdots + Q'_n \leqq 0$ （等号は C が可逆のとき） (5)

$\dfrac{Q'_1}{T} = \dfrac{Q_1}{T_1}$ (6)

$$\boxed{\text{クラウジウスの不等式：} \dfrac{Q_1}{T_1} + \dfrac{Q_2}{T_2} + \dfrac{Q_3}{T_3} + \cdots \leqq 0} \quad (7)$$

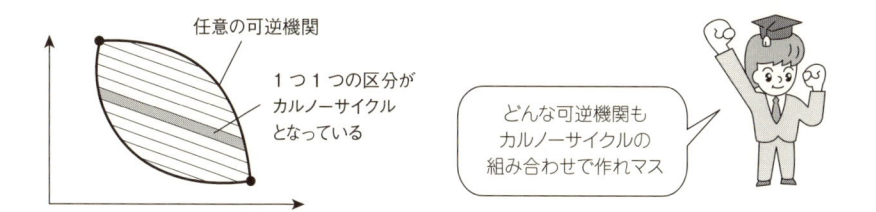

第5節 エントロピー

みんなが悩むエントロピー。

●**エントロピーは位置エネルギー**

熱平衡状態Aが，準静的変化で熱平衡状態Bに移行することを考える。AからBへの2つの準静的変化をC_1，C_2とする（図参照）。

さて，C_2の逆向きの変化をC'_2とすると，C_1とC'_2の引き続きの変化は，1つのサイクルとなる。このサイクルは可逆である。どのような可逆サイクルもカルノーサイクルの無限小の繰り返しで表すことができるので，クラウジウスの式より（1）が成り立つ。無限小の和を積分の形に直したのである（積分とはそういうものだから）。

クラウジウスの式のTは熱源の温度であったが，可逆変化の微小部分では機関と熱源の温度は等しくなければならないので，Tは機関の温度になる。

（1）より（2）と書けるが，これはAからBへ任意の経路をとおって準静的変化したとき，（2）の形の量は経路によらないことを示している。

この議論は，力学でいえば，保存力に対して位置エネルギーが定義できること，電磁気学でいえば，静電場に対して電位が定義できることと同様である。つまり，ある熱平衡状態に対して状態量Sが定義できて，可逆な変化では（3）となる。Sをエントロピーと呼ぶ。

●**エントロピー増大の法則**

（3）の右辺でAとBを極限的に近づけると，可逆な変化では（4）となる。Sは状態量なので，dSはその差である。逆に，熱$d'Q$は，状態量の差では書けない…なのでダッシュ（'）がついているのだ。

一般の不可逆な変化では，元に戻るサイクルにおいて，クラウジウスの不等式により，（5）がいえる。ということは，断熱不可逆変化では，変化の前後で，エントロピーは増える。別の言い方では，

　　断熱可逆変化：エントロピーは変化しない。
　　断熱不可逆変化：エントロピーは常に増加する。

これがエントロピー増大の法則である。

エントロピーは位置エネルギー

$d'Q$：C 上の微小区間での熱のやりとり
T：機関（可逆）の温度

$$\int_{C_1+C'_2} \frac{d'Q}{T} = 0 \tag{1}$$

$$\int_{C_1} \frac{d'Q}{T} = \int_{C_2} \frac{d'Q}{T} \tag{2}$$

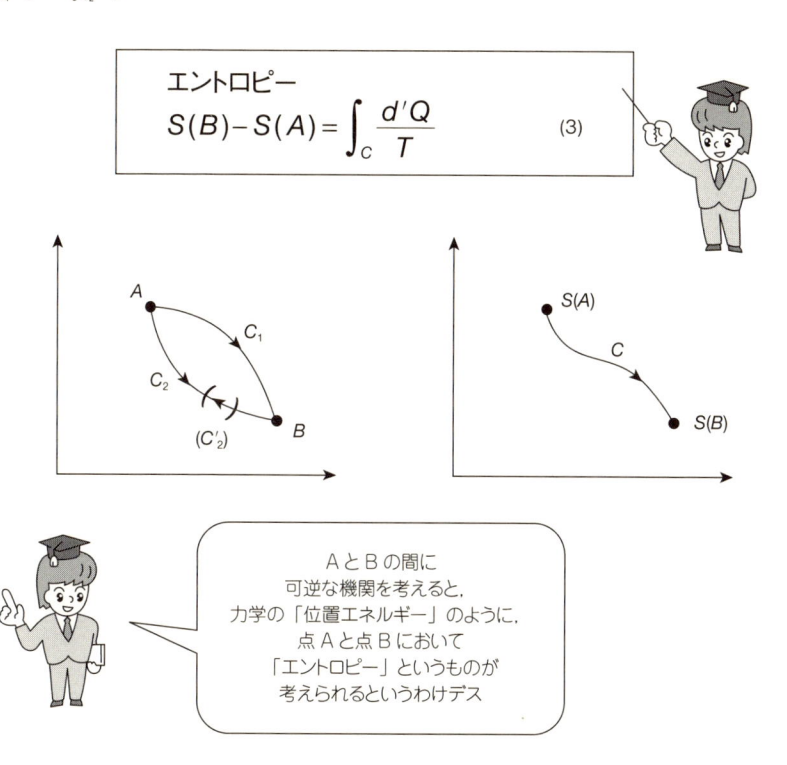

$$\boxed{\text{エントロピー}\quad S(B) - S(A) = \int_C \frac{d'Q}{T}} \tag{3}$$

AとBの間に可逆な機関を考えると，力学の「位置エネルギー」のように，点Aと点Bにおいて「エントロピー」というものが考えられるというわけデス

エントロピー増大の法則

可逆変化　$\dfrac{d'Q}{T} = dS$ \hfill (4)

不可逆変化　$\dfrac{d'Q}{T} < dS$ \hfill (5)

● *T-S* 図

　エントロピー S は，圧力 p などと同じく，熱平衡状態についての状態量である。気体の状態は，独立な変数2つで表された。以前，p-V 図上にサイクルを表すことをしたが，可逆なサイクルでは，T-S 図上に表すこともできる。
　たとえば，カルノーサイクルは図のように表すことができる。
　T-S 図では，等温変化は水平な直線，断熱変化は垂直な直線で表される…断熱変化では熱の出入りがないため，エントロピーの変化はゼロである。

COLUMN

　エントロピーは不可逆変化では増大する。変化の後，増える，ということは，時間がたった後だ。
　物理的には，不可逆というのは不思議なことである。時間を逆向きに仮定した運動が成り立たないのは，摩擦のあるときであり，やはり熱が発生している。
　エントロピーが増大する「方向」が「時間のすすむ」向き，という考え方もある。「熱力学的時間の矢」というスローガンだ。
　一方，宇宙全体が1つの平衡状態になるということは，宇宙全体を熱力学システムと見たときにありそうなことである。もはや単一の温度で，高温，低温の熱源もないから，どんな機関も働かないどころか，宇宙全体が止まってしまう？
　このようなことは「宇宙の熱的死」とボルツマンによって名付けられた。

COLUMN

　さて，エントロピーって何だ？　わかったような，わからないような。たとえば，分子レベルで，これがエントロピーだ！と何か言えないのか？…というのはごもっとも。後にでてくる（10章）。

T-S図

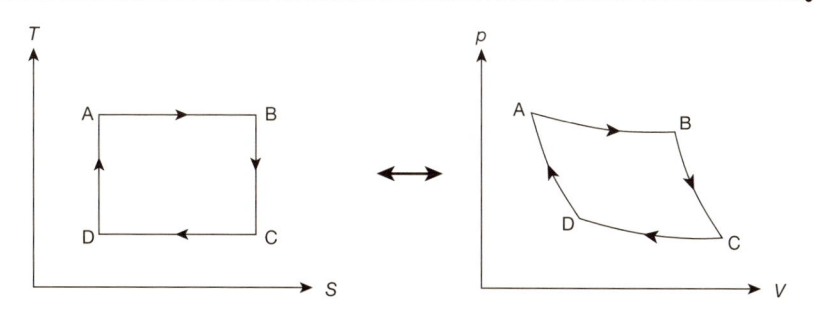

カルノーサイクルの T-S 図と p-V 図

こらむ

時間の向き
過去
エントロピー増大

こらむ

エントロピーはどこにある？

第5節★エントロピー

第3部
熱力学関数と平衡条件

CHAPTER 5 ▶▶▶ 熱力学関数とその基本的取り扱い

第1節 全微分と偏微分

みなさんの嫌いな算数です。

●多変数関数の微分

1変数の場合には，関数の変化率などは，単に変数による微分…導関数を求めるだけでよい。熱力学で登場する関数は，たいていの場合2変数関数および3変数以上の関数である。

2変数関数をグラフに書こうとすれば，たとえば，空間の中に曲面を書いたものになるだろう。「床」にあたるところは，2つの変数がある値をとることで「位置が決まる」。その真上の曲面までの「距離」が，関数の値を与えている。

変数をどの方向に動かすかで，関数の増減の仕方は変わる。つまり1変数のときとは違い，変数を動かす「向き」があるのだ（1変数では，正の向きと負の向きは動かす量の正負の違いだけ）。そのため偏微分というものが必要になる（1）。熱力学での偏微分は，添え字として止めておく変数を右下に書く。

で，(2) のように，2変数関数の値の差が微小な場合，2つの変数の微小な差の線形結合で書ける。無限小の差と見て，(3) のように表して，これを（U の）全微分と呼ぶ。

COLUMN

「∂」はなんと読む？ 普通は「デル」かな。あと「ラウンド・ディー」。結局ただ「ディー」と読むことも多い。私個人としては，TeX のコマンド名から「パーシャル」と読むことを提唱したいのだが…。

全微分の単純な例をあげておこう。

$3x^2y^4dx + 4x^3y^3dy$ は，$d(x^3y^4)$ のように書けるから，全微分。$3x^3y^5dx + 4x^4y^4dy$ は，全微分ではないが，xy で割ったものが全微分となっている。このように，何かを掛けたり割ったりすれば，全微分の形にすることができる。

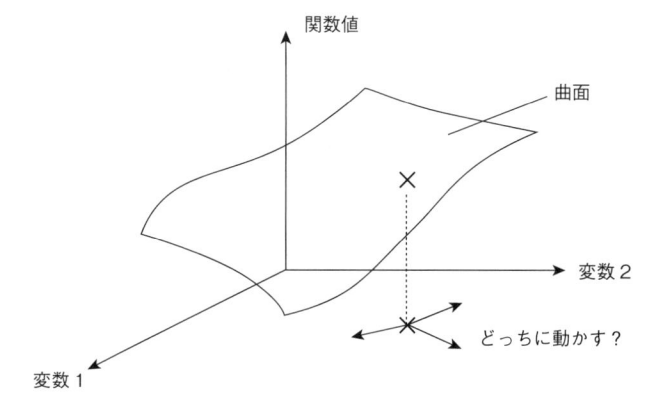

多変数関数の微分

関数値／曲面／変数1／変数2／どっちに動かす？

f は $x, y, \cdots$ の関数。

x による偏微分 $\quad \dfrac{\partial f}{\partial x} = \lim_{\Delta x \to 0} \dfrac{f(x+\Delta x, y, \cdots) - f(x, y, \cdots)}{\Delta x}$ (1)

$$\Delta U \fallingdotseq \left(\dfrac{\partial U}{\partial S}\right)_V \Delta S + \left(\dfrac{\partial U}{\partial V}\right)_S \Delta V \tag{2}$$

$$\boxed{\; dU = \left(\dfrac{\partial U}{\partial S}\right)_V dS + \left(\dfrac{\partial U}{\partial V}\right)_S dV \;} \quad \longleftarrow \text{全微分} \tag{3}$$

偏微分を含む関係式

普通は後で「まとめ」だが，先にまとめて書いておく。

$$\dfrac{\partial^2 f}{\partial x \partial y} = \dfrac{\partial^2 f}{\partial y \partial x}$$

$$\left(\dfrac{\partial x}{\partial y}\right)_z = \dfrac{1}{\left(\dfrac{\partial y}{\partial x}\right)_z}$$

$$\left(\dfrac{\partial z}{\partial y}\right)_x \left(\dfrac{\partial x}{\partial z}\right)_y \left(\dfrac{\partial y}{\partial x}\right)_z = -1$$

$$\left(\dfrac{\partial y}{\partial x}\right)_w = \left(\dfrac{\partial y}{\partial x}\right)_z + \left(\dfrac{\partial y}{\partial z}\right)_x \left(\dfrac{\partial z}{\partial x}\right)_w$$

$$\left(\dfrac{\partial y}{\partial x}\right)_w = \left(\dfrac{\partial y}{\partial z}\right)_w \left(\dfrac{\partial z}{\partial x}\right)_w$$

> (2) がわかりにくい人は，U が1変数の場合，$\Delta U \fallingdotseq \dfrac{dU}{dS}\Delta S$ となることを思い出そう

> 左の公式は (3) から導出されマス

第1節★全微分と偏微分

第2節 熱力学関数

状態量を変数とする関数。

●内部エネルギー，熱力学第1法則ふたたび

状態量のわずかな差で表される量を，d で表す。ちょっとわかりにくいが，たとえば以前に ΔU としたものを dU と書く。エントロピーの節で，可逆な変化では，微小な熱量の移動は，エントロピーの微小な差を用いて，（1）と書けることがわかった。したがって，熱力学第1法則は（2）と書ける。

この式は，エントロピーの微小変化と体積の微小変化で，内部エネルギーの微小変化を表していると考えられるから（温度と圧力は状態方程式で決まるととりあえず思っていてよい），内部エネルギーはこの表式では，一般に，エントロピーと体積の関数と考えていることを示している。この場合，エントロピーと体積が独立変数となっている，という。またこのとき，全微分を独立変数による偏微分で表す式（3）と比較すると，（4）であることがわかる。

理想気体については，すでに内部エネルギーと状態方程式を知っているので，これらから理想気体のエントロピーを求めることができる（6）。

●ヘルムホルツの自由エネルギー

独立変数が他の変数であるような状態量（関数）を考えたい。一般に状態量を変数とする関数を熱力学関数という。なぜそういうものが便利かは，後で見よう。

まず，具体例として，ヘルムホルツの自由エネルギー F を紹介しよう（7）。この微小変化（あるいは全微分）は，（8）となるので，F は温度と体積の関数，すなわち独立変数が温度と体積ということになる。独立変数 S を T に取り替えるため，$-TS$ を付加したわけだが，このような手続きを一般に，ルジャンドル変換という。

ヘルムホルツの自由エネルギーは独立変数が温度と体積であるから，等温かつ定積ならば値は変わらない。

また，全微分（9）から，（10）がいえる。ヘルムホルツの自由エネルギーから内部エネルギーを導く式を，ギブス・ヘルムホルツの式と呼んでいる（11）。右辺を実際に偏微分してみると成り立つことがわかる。

内部エネルギー，熱力学第 1 法則ふたたび

$d'Q = TdS$ (1)

$dU(S, V) = TdS - pdV$ ← 独立変数は S と V ! (2)

$dU(S, V) = \left(\dfrac{\partial U}{\partial S}\right)_V dS + \left(\dfrac{\partial U}{\partial V}\right)_S dV$ (3)

$T = \left(\dfrac{\partial U}{\partial S}\right)_V, \quad p = -\left(\dfrac{\partial U}{\partial V}\right)_S$ (4)

理想気体 1 モルでは，$\left(\dfrac{\partial U}{\partial T}\right)_V = C_V, \quad pV = RT$

これを (2) に代入

$dS = C_V \dfrac{dT}{T} + \dfrac{RdV}{V}$ (5)

$S = C_V \log \dfrac{T}{T_0} + R \log \dfrac{V}{V_0} + S_0 \quad (S_0 \text{ は定数})$ (6)

熱力学第 1 法則は $dU = d'Q - pdV$ だったネ

ヘルツホルツの自由エネルギー

$$\boxed{\text{ヘルムホルツの自由エネルギー}：F = U - TS} \quad (7)$$

$dF = dU - d(TS) = dU - SdT - TdS$
$\quad = TdS - pdV - SdT - TdS$
$\quad = -SdT - pdV$ ← 独立変数は T と V ! (8)

$dF(T, V) = \left(\dfrac{\partial F}{\partial T}\right)_V dT + \left(\dfrac{\partial F}{\partial V}\right)_T dV$ (9)

$S = -\left(\dfrac{\partial F}{\partial T}\right)_V, \quad p = -\left(\dfrac{\partial F}{\partial V}\right)_T$ (10)

ギブス・ヘルムホルツの式： $U = -T^2 \left(\dfrac{\partial \left(\dfrac{F}{T}\right)}{\partial T}\right)_V$ (11)

どの量を独立変数とするかが重要なのデス

●ギブスの自由エネルギー

独立変数を温度と圧力にするには,（12）のように（ルジャンドル変換）すればよい。G をギブスの自由エネルギーと呼ぶ。また,（13）がわかるので, G の全微分（14）と比べると,（15）と書けることがわかる。

●エンタルピー

エンタルピーは, エントロピーと圧力が独立変数である（16）。名前が似ていやですね。記号は H で表し, 熱関数とも呼ばれる。エンタルピーの全微分（18）から,（19）であることがわかる。圧力一定の環境のもとでは, 定圧比熱はエンタルピーを温度で偏微分したものになる（20）。

●ジュール・トムソン効果

図のように, 管の中央に多孔性の詰め物をおき, ピストン 1, 2 を持つ 2 つの部屋に分ける。詰め物をおくのは, 気体をゆっくりと移動させるためである。管に外からの熱の出入りはないとする。

はじめに気体は片方の部屋にあり, 圧力 p_1, 温度 T_1, 体積 V_1 である。ピストンをゆっくりと動かして, 反対の部屋に移したとき, 圧力 p_2, 温度 T_2, 体積 V_2 であったとする。

このとき, 外部から気体に与えた仕事は,（21）である。断熱されているので, この仕事がすべて内部エネルギーの変化になるから,（22）である…すなわち, この実験はエンタルピーが変化しない過程である（23）。

この過程ではジュール・トムソン効果というものが現れるが詳しくは後で説明する。

COLUMN

ヘルムホルツの自由エネルギーから内部エネルギーを求める式と同様に, ギブスの自由エネルギーからエンタルピーを求める式が作れる（24）。実は, これもやはり, ギブス・ヘルムホルツの式と呼ばれるのだ。

エンタルピーの語源は, ギリシア語の「温まる」に由来する。カマリング・オネスが 1909 年ごろ命名。ちなみに熱関数はギブスの命名。

エントロピーは, ギリシア語の「変化」に由来し, 1865 年ごろ, クラウジウスが命名した。

ギブスの自由エネルギー

$$\boxed{\text{ギブスの自由エネルギー}: G = F + pV} \quad (12)$$

$dG = dF + d(pV) = -SdT + Vdp$ ← 独立変数は T と p ! (13)

$dG(T, p) = \left(\dfrac{\partial G}{\partial T}\right)_p dT + \left(\dfrac{\partial G}{\partial p}\right)_T dp$ (14)

$S = -\left(\dfrac{\partial G}{\partial T}\right)_p , \quad V = \left(\dfrac{\partial G}{\partial p}\right)_T$ (15)

エンタルピー

$$\boxed{\text{エンタルピー}: H = U + pV} \quad (16)$$

$dH = dU + d(pV) = TdS + Vdp$ ← 独立変数は S と p ! (17)

$dH(S, p) = \left(\dfrac{\partial H}{\partial S}\right)_p dS + \left(\dfrac{\partial H}{\partial p}\right)_S dp$ (18)

$T = \left(\dfrac{\partial H}{\partial S}\right)_p , \quad V = \left(\dfrac{\partial H}{\partial p}\right)_S$ (19)

定圧比熱:

$C_p = \left(\dfrac{\partial U}{\partial T}\right)_p + p\left(\dfrac{\partial V}{\partial T}\right)_p = \left(\dfrac{\partial H}{\partial T}\right)_p$ (20)

ジュール・トムソン効果

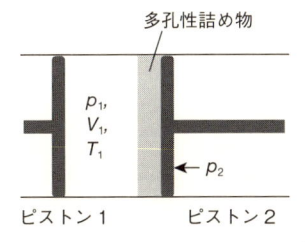

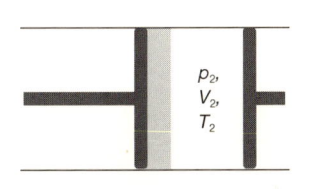

外部から気体に与えた仕事: $W = p_1 V_1 - p_2 V_2$ (21)

$U_2 - U_1 = W = p_1 V_1 - p_2 V_2$ (22)

$U_1 + p_1 V_1 = U_2 + p_2 V_2$ (23)

ギブス・ヘルムホルツの式: $H = -T^2 \left(\dfrac{\partial \left(\dfrac{G}{T}\right)}{\partial T}\right)_p$ (24)

●熱力学関数のまとめ

　右ページに熱力学関数をまとめた。熱力学関数はすべてエネルギーの次元を持つことに注意しよう。

●熱力学関数の覚え方

　熱力学関数の全微分の覚え方は，右ページの図（ボルン図式）で！　この図の覚え方は，Gから始めて左回りに
「Good physists Have Studied Under Very Fine Teachers.」
辺上の熱力学関数は，その辺の両端の変数が，「自然な変数」である。

例：内部エネルギー U の全微分 dU はどう表されるか？
答え：辺 U の両端は S と V。そしてそれぞれの対角線を挟んだちょうど反対側の点には T と p。したがって，dU は TdS と pdV の結合で表されるとわかる。各項の符号については，対角線の矢印の始点なら $+$，終点なら $-$，とする。したがって，$dU = TdS - pdV$。

　実際は，矢の向きを覚えていなくてはならないが，まあ，$dU = TdS - pdV$ の1つくらい，すぐでてくるだろうから，これを基準に！

COLUMN

　ヘルムホルツの自由エネルギーの，「自由」とは何だろうか？　温度が一定の場合，$dF = dU - TdS$ である。内部エネルギーの変化は，$dU = TdS - pdV$ であるから，この場合は $dF = -pdV$ となる。気体が外界にする仕事の分，自由エネルギーが減少する。つまりヘルムホルツの自由エネルギーは，温度一定の条件の下で（熱の出入りに関わらず）自由に（「機械的に」）使えるエネルギーである，ということができる。

　一方，ギブスの自由エネルギーは，$G = H - TS$ であることからわかるように，エンタルピーのうちの自由に使える分である，ということを示している。この場合，はっきりと機械的仕事として分離できないところが直観的にわかりにくいが，すでに見たように，エンタルピー一定の状況はしばしば重要である。

熱力学関数のまとめ

内部エネルギー　U,　　　　　$dU = TdS - pdV$
ヘルツホルム　　$F = U - TS$,　$dF = -SdT - pdV$
ギブス　　　　　$G = F + pV$,　$dG = -SdT + Vdp$
エンタルピー　　$H = U + pV$,　$dH = TdS + Vdp$

熱力関数の覚え方

「Good physists Have Studied Under Very Fine Teachers.」

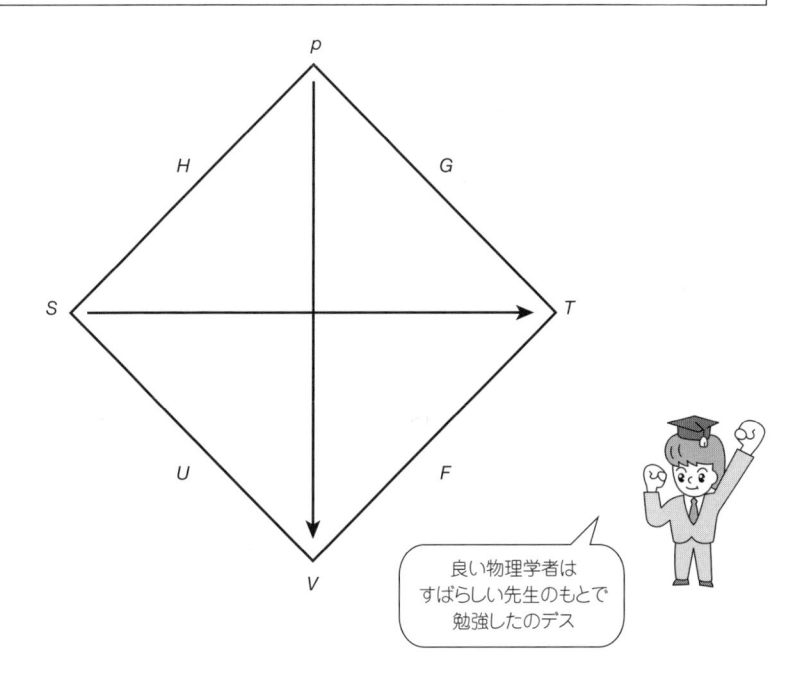

良い物理学者はすばらしい先生のもとで勉強したのデス

第3節 偏微分の効用(1)…マクスウェルの関係式

数学嫌いの人が多いでしょうが、これが使えないと、熱力学関数をいろいろ定義した意味がない…。

●マクスウェルの関係式

ここでは、いろいろな状態量の間の関係を導く。これらの関係を用いて、実験的測定値から熱力学関数を求め、またそれを用いた考察へと続く…ので、少なくとも何をやっているかを把握して欲しい（まあ、参照表など見ればよいのだが）。

たとえば、(1)のように、偏微分の順序を入れ替えてもよいので、熱力学関数を順に使ってみれば、(2)〜(5)の式を得る。これらをマクスウェルの関係式という。

●マクスウェルの関係式の効用

これらの式は、いろいろな熱的性質を表す物理量を関係づけるのに必要である。(2)〜(5)で、偏微分の「上か下か」に S（エントロピー）を含むものは、様々な関係を導く過程で現れるが、直接観測するのは難しいから値を求めることはできない。しかし、マクスウェルの関係式でつながれたものは、みな観測可能な量と直接的関係があるものばかりである。

たとえば、(3)の左辺は定積圧力係数に関係している。(4)の左辺は定圧体膨張率に関係している。

●定積比熱と定圧比熱

同様な手法と、ここで得たマクスウェルの関係式より、定積比熱(6)の体積を変えるときの変化率と、定圧比熱(7)の圧力を変えるときの変化率（ともに等温で）は、それぞれ(8)、(9)のように与えられる。両者とも、圧力、体積、温度で与えられるのがミソ。

問題：ファンデルワールス気体では C_V は温度のみの関数であることを示せ。

ヒント：ファンデルワールスの状態方程式 $(p + a/V^2)(V - b) = RT$ を(8)に代入する。

マクスウェルの関係式

$$\frac{\partial^2 U}{\partial S \partial V} = \frac{\partial^2 U}{\partial V \partial S} \tag{1}$$

$$\rightarrow \left(\frac{\partial}{\partial S}\left(\frac{\partial U}{\partial V}\right)_S\right)_V = \left(\frac{\partial}{\partial V}\left(\frac{\partial U}{\partial S}\right)_V\right)_S$$

$\left(\dfrac{\partial U}{\partial V}\right)_S = -p,\ \left(\dfrac{\partial U}{\partial S}\right)_V = T$ なので

$$\rightarrow -\left(\frac{\partial p}{\partial S}\right)_V = \left(\frac{\partial T}{\partial V}\right)_S \tag{2}$$

$$\frac{\partial^2 F}{\partial T \partial V} = \frac{\partial^2 F}{\partial V \partial T} \rightarrow \left(\frac{\partial p}{\partial T}\right)_V = \left(\frac{\partial S}{\partial V}\right)_T \tag{3}$$

$$\frac{\partial^2 G}{\partial T \partial p} = \frac{\partial^2 G}{\partial p \partial T} \rightarrow \left(\frac{\partial V}{\partial T}\right)_p = -\left(\frac{\partial S}{\partial p}\right)_T \tag{4}$$

$$\frac{\partial^2 H}{\partial S \partial p} = \frac{\partial^2 H}{\partial p \partial S} \rightarrow \left(\frac{\partial V}{\partial S}\right)_p = \left(\frac{\partial T}{\partial p}\right)_S \tag{5}$$

定積比熱と定圧比熱

$d'Q = TdS$ だから

$$C_V = T\left(\frac{\partial S}{\partial T}\right)_V \tag{6}$$

$$C_p = T\left(\frac{\partial S}{\partial T}\right)_p \tag{7}$$

$$\left(\frac{\partial C_V}{\partial V}\right)_T = T\left(\frac{\partial}{\partial V}\left(\frac{\partial S}{\partial T}\right)_V\right)_T = T\left(\frac{\partial}{\partial T}\left(\frac{\partial S}{\partial V}\right)_T\right)_V = T\left(\frac{\partial^2 p}{\partial T^2}\right)_V \tag{8}$$

$$\left(\frac{\partial C_p}{\partial p}\right)_T = T\left(\frac{\partial}{\partial p}\left(\frac{\partial S}{\partial T}\right)_p\right)_T = T\left(\frac{\partial}{\partial T}\left(\frac{\partial S}{\partial p}\right)_T\right)_p = -T\left(\frac{\partial^2 V}{\partial T^2}\right)_p \tag{9}$$

マァ,無理して暗記する必要はないけどネ

マクスウェル

●例題1： $\left(\dfrac{\partial U}{\partial V}\right)_T = T\left(\dfrac{\partial p}{\partial T}\right)_V - p$　**を証明せよ。**

　答えは右ページに。
　ところで，理想気体の場合，状態方程式（13）より，（14）である。（14）を（10）に入れると，（15）を得る。これは，理想気体の内部エネルギーが体積によらないことを示している（ジュールの断熱自由膨張の実験）。なお，理想気体でなくても，体積一定のもとで，圧力が温度に比例する気体であれば同様。
　ファンデルワールス気体の場合は，（16）。パラメータ a の存在は，気体分子間の相互作用があることを示している。

●例題2： $\left(\dfrac{\partial H}{\partial p}\right)_T = V - T\left(\dfrac{\partial V}{\partial T}\right)_p$　**を証明せよ。**

　答えは右ページに。
　理想気体の場合，（20）である（確かめよう）。他方，ファンデルワールス気体の場合，（21）のようになる。第5節でこの結果を使う。

$\left(\dfrac{\partial U}{\partial V}\right)_T = \left(\dfrac{\partial H}{\partial p}\right)_T = 0$
を満たす気体は
理想気体なのじゃ

マクスウェル

例題 1

例題 1：$\left(\dfrac{\partial U}{\partial V}\right)_T = T\left(\dfrac{\partial p}{\partial T}\right)_V - p$ (10)

を証明せよ。

証明：$dU = TdS - pdV$ (11)

より，T を固定しての V の偏微分は，

$\left(\dfrac{\partial U}{\partial V}\right)_T = T\left(\dfrac{\partial S}{\partial V}\right)_T - p$ (12)

これに (3) を代入すれば (10) を得る。証明終わり

> $\left(\dfrac{\partial S}{\partial V}\right)_T = \left(\dfrac{\partial p}{\partial T}\right)_V$ (3)
> デス

n モルの理想気体の状態方程式：$pV = nRT$ (13)

$\left(\dfrac{\partial p}{\partial T}\right)_V = \dfrac{nR}{V}$ (14)

$\left(\dfrac{\partial U}{\partial V}\right)_T = 0$ (15)

ファンデルワールス気体（1 モル）の場合：$\left(\dfrac{\partial U}{\partial V}\right)_T = \dfrac{a}{V^2}$ (16)

例題 2

例題 2：$\left(\dfrac{\partial H}{\partial p}\right)_T = V - T\left(\dfrac{\partial V}{\partial T}\right)_p$ (17)

を証明せよ。

証明：$dH = TdS + Vdp$ (18)

より，T を固定しての p の偏微分は，

$\left(\dfrac{\partial H}{\partial p}\right)_T = T\left(\dfrac{\partial S}{\partial p}\right)_T + V$ (19)

これに (4) を代入すれば (16) を得る。証明終わり

> $\left(\dfrac{\partial S}{\partial p}\right)_T = -\left(\dfrac{\partial V}{\partial T}\right)_p$ (4)
> デス

理想気体の場合：$\left(\dfrac{\partial H}{\partial p}\right)_T = 0$ (20)

ファンデルワールス気体（1 モル）の場合：$\left(\dfrac{\partial H}{\partial p}\right)_T \fallingdotseq b - \dfrac{2}{RT}a$ (21)

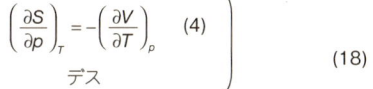

第4節 偏微分の効用（2）

まだテクがいる。

●なぜこんなことをしているのか？

　熱力学では，独立変数としていろいろなものを用いる。すでにいろいろ見てきたように，「何かを一定にした環境で，別の何かを変化させたとき，変わる何かの量」を，偏微分で表しているのである。独立変数を取り替えることで，異なる物理量の間の関係が明らかになり，また，限られた測定可能量から，未知の「物体の熱的性質」が理解できるようになる。

　いままで，明に暗に，気体をイメージし，また読者にそうさせていたが，もちろんたいていの熱力学的状態量は，気体に限らずに用いることができる。

　さらに言うと，いろいろな物質では，新たな状態量，独立変数が導入される。たとえば，磁性体における磁化，誘電体における分極，などである。

●偏微分の公式

　閑話休題，3つの独立変数を循環する形で，偏微分に簡単な関係式が成り立つことがわかる。この章の初めにいくつか示したが改めて見てみよう。

　準備段階。「逆数」の関係（1）。これを全微分の式（2）から追っていくと得られる（5）に用いて変形すると，（7）を得る。これは3つの変数が循環した形になっている。

　これを用いると，等温圧縮率（8），体膨張率（9），定積圧力係数（9）の間に関係式（12）が成り立つことがわかる（以前，2章第10節で理想気体について求めた値で確かめよう）。

　また，（3）の式の両辺を Δw でわると（13）が得られるが，ここで x を固定して，$\Delta w \to 0$ とすると，（14）が導かれる。ある変数が一定のときの，それ以外での（高校数学でいえば）「合成関数の微分」である。

　問題：前節の4つのマクスウェルの関係式において，そのうちの1つに（7）を適用することにより，残り3つが得られることを示せ。

偏微分の公式

準備： $\left(\dfrac{\partial x}{\partial z}\right)_y = \dfrac{1}{(\partial z / \partial x)_y}$ \hfill (1)

$dz = \left(\dfrac{\partial z}{\partial x}\right)_y dx + \left(\dfrac{\partial z}{\partial y}\right)_x dy$ \hfill (2)

こう思った方がわかりやすい

$\Delta z = \left(\dfrac{\partial z}{\partial x}\right)_y \Delta x + \left(\dfrac{\partial z}{\partial y}\right)_x \Delta y$ \hfill (3)

$\dfrac{\Delta z}{\Delta x} = \left(\dfrac{\partial z}{\partial x}\right)_y + \left(\dfrac{\partial z}{\partial y}\right)_x \dfrac{\Delta y}{\Delta x}$ \hfill (4)

z を固定して，$\Delta x \to 0$ とすると

$0 = \left(\dfrac{\partial z}{\partial x}\right)_y + \left(\dfrac{\partial z}{\partial y}\right)_x \left(\dfrac{\partial y}{\partial x}\right)_z$ \hfill (5)

$\left(\dfrac{\partial x}{\partial z}\right)_y \left(\dfrac{\partial z}{\partial x}\right)_y = 1$ \hfill (6) これは (1) と同じ

$\left(\dfrac{\partial z}{\partial y}\right)_x \left(\dfrac{\partial x}{\partial z}\right)_y \left(\dfrac{\partial y}{\partial x}\right)_z = -1$ \hfill (7)

等温圧縮率： $\kappa_T = -\dfrac{1}{V}\left(\dfrac{\partial V}{\partial p}\right)_T$ \hfill (8)

体膨張率： $\alpha_p = \dfrac{1}{V}\left(\dfrac{\partial V}{\partial T}\right)_p$ \hfill (9)

定積圧力係数： $\beta = \dfrac{1}{p}\left(\dfrac{\partial p}{\partial T}\right)_V$ \hfill (10)

$\left(\dfrac{\partial V}{\partial p}\right)_T \left(\dfrac{\partial T}{\partial V}\right)_p \left(\dfrac{\partial p}{\partial T}\right)_V = -1$ \hfill (11)

より

定積圧力係数： $\dfrac{1}{p}\left(\dfrac{\partial p}{\partial T}\right)_V = -\dfrac{1}{p}\dfrac{(\partial V / \partial T)_p}{(\partial V / \partial p)_T} = \dfrac{1}{p}\dfrac{\alpha_p}{\kappa_T}$ \hfill (12)

(3) から

$\dfrac{\Delta z}{\Delta w} = \left(\dfrac{\partial z}{\partial x}\right)_y \dfrac{\Delta x}{\Delta w} + \left(\dfrac{\partial z}{\partial y}\right)_x \dfrac{\Delta y}{\Delta w}$ \hfill (13)

x を固定して，$\Delta w \to 0$ とすると

$\left(\dfrac{\partial z}{\partial w}\right)_x = \left(\dfrac{\partial z}{\partial y}\right)_x \left(\dfrac{\partial y}{\partial w}\right)_x$ \hfill (14)

第5節 ジュール・トムソン効果

圧力の低い所に気体を流すと，温度が下がる．

● ジュール・トムソン効果とは何か？

　断熱された筒に細かい穴のあいた物質を詰め，その左側に気体を入れ，図のように両側を2つのピストンでふさぐ．図のようにピストンを動かして，気体を右側に押し込む．左側でピストンは気体に p_1V_1 の仕事をし，右側に流れ出た気体は p_2V_2 の仕事をピストンにする．つまり，気体になされた仕事は（1）である．内部エネルギーの変化分がこの仕事だから（2）が成り立つ．つまり，この場合エンタルピーは一定である．

　さて，この装置を微小なものとして（$dT = T_2 - T_1$，$dp = p_2 - p_1$），T の p に対する変化率を考える（3）．これをジュール・トムソン係数という．

　第3節の例題で（4）を証明した．また（5），（6）が成り立つ．これらを用いると，ジュール・トムソン係数は（7）と書ける．

　ジュール・トムソン係数が正であれば，圧力が減ると温度も下がる．これをジュール・トムソン効果（1847）といい，冷蔵庫，クーラーにも応用されている．

● 逆転温度

　理想気体ではジュール・トムソン係数はゼロである．現実の気体では，ある温度以下でジュール・トムソン係数は正，以上では負になる．この温度を逆転温度と呼ぶ．

　普通は常温で圧力が減れば，温度が下がる…二酸化炭素など．逆転温度が常温よりも高いためである．しかし逆転温度が低いものも多く，たとえば水素では −80℃，ヘリウムでは −223℃ である．そのため常温では，圧力の減少で温度が上がる．この温度より低ければ，圧力減少で冷却が起きる．

　ジュール・トムソン効果により，一般の気体の温度は変化するが，これを利用して気体を冷却し，液化することができる（リンデの液化装置というものが作られている）．カイユテは，加圧した酸素を冷却した後，膨張（圧力減少）させることでさらに冷却し，液化に成功した（1877）．彼はすぐに，窒素の液化にも成功した．デュワーも，ジュール・トムソン効果を用いて，水素の液化に成功した．

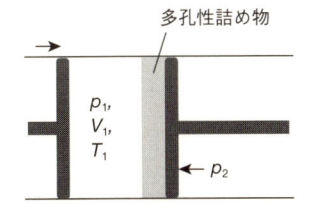

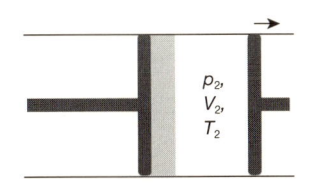

ジュール・トムソン効果

外部から気体に与えた仕事：$W = p_1V_1 - p_2V_2$ (1)

$U_2 - U_1 = p_1V_1 - p_2V_2$

$U_1 + p_1V_1 = U_2 + p_2V_2 = H$ （エンタルピー） (2)

$$\text{ジュール・トムソン係数：} \mu = \left(\frac{\partial T}{\partial p}\right)_H \quad (3)$$

$$\left(\frac{\partial H}{\partial p}\right)_T = V - T\left(\frac{\partial V}{\partial T}\right)_p \quad (4)$$

前節より

$$\left(\frac{\partial p}{\partial H}\right)_T \left(\frac{\partial H}{\partial T}\right)_p \left(\frac{\partial T}{\partial p}\right)_H = -1 \quad (5)$$

$H = U + pV$ であるから、

$$\left(\frac{\partial H}{\partial T}\right)_p = \left(\frac{\partial U}{\partial T}\right)_p + p\left(\frac{\partial V}{\partial T}\right)_p = C_p \quad (6)$$

($dU = d'Q - pdV$ より)

$$\begin{aligned}
\mu &= \left(\frac{\partial T}{\partial p}\right)_H \\
&= \frac{1}{C_p}\left(T\left(\frac{\partial V}{\partial T}\right)_p - V\right) \\
&= \frac{VT}{C_p}\left(\alpha_p - \frac{1}{T}\right)
\end{aligned} \quad (7)$$

第6節 定圧比熱と定積比熱

マイヤーの関係式を越えて。

●他の物理量との（意外な？）関係

定圧比熱と定積比熱の間に成り立つ関係式を求めよう。

「自然でない」状態変数による，内部エネルギーの全微分からスタートする（1）。これに，第3節で証明した（2）を代入し（3）を得る。これと（4）より（5）である。さらにそもそもの定圧比熱の式を思い出すと（6），すなわち（7）を得る。

（7）は，理想気体のとき，（9）となる。これをマイヤーの（関係）式という。

（7）は，定圧比熱と定積比熱の差が，体膨張率や等温圧縮率など，独立に測定可能な物理量に関係づけられることを示している。どんな気体についても成り立つこの関係は，熱力学という統一された体系の，1つの到達点（あるいはそのささやかな例）であるといえよう。

水の場合，（1気圧程度で）密度最大になるのは，約4℃のとき，ということはよく知られたことである。すなわち，このとき，水の体膨張率はゼロになるので，定積比熱と定圧比熱は等しくなることがわかる。

●練習問題

断熱体膨張率 α_S を，α_p, C_p, κ_T などで表せ。ただし，α_S は（10）で定義される。ヒント：V を変数 T, p として全微分。

COLUMN

高校では理想気体でおなじみの関係（たとえば，マイヤーの式）があることは，必須の常識であった（今は？）。しかし一般に考えると，結構難しく，大学の熱力学の定期試験問題くらいであろう（大学院入試には，出ないかも…4年生はもう忘れていると思われているから）。

他の物理量との（意外な？）関係

全微分

$$dU = \left(\frac{\partial U}{\partial T}\right)_V dT + \left(\frac{\partial U}{\partial V}\right)_T dV \tag{1}$$

$$\left(\frac{\partial U}{\partial V}\right)_T = T\left(\frac{\partial p}{\partial T}\right)_V - p \tag{2}$$

より

$$dU = \left(\frac{\partial U}{\partial T}\right)_V dT + T\left(\frac{\partial p}{\partial T}\right)_V dV - p\,dV \tag{3}$$

$$dU = TdS - dV = d'Q - p\,dV \tag{4}$$

$$d'Q = \left(\frac{\partial U}{\partial T}\right)_V dT + T\left(\frac{\partial p}{\partial T}\right)_V dV \tag{5}$$

$$C_p = \left(\frac{d'Q}{dT}\right)_p$$

$$= \left(\frac{\partial U}{\partial T}\right)_V + T\left(\frac{\partial p}{\partial T}\right)_V \left(\frac{\partial V}{\partial T}\right)_p \tag{6}$$

$C_V = \left(\frac{\partial U}{\partial T}\right)_V$ だったネ

マイヤーの式（の一般の場合）： $C_p - C_V = T\left(\frac{\partial p}{\partial T}\right)_V \left(\frac{\partial V}{\partial T}\right)_p = \frac{\alpha_p^2 VT}{\kappa_T}$ (7)

$$\left(\frac{\partial p}{\partial T}\right)_V = \frac{\alpha_p}{\kappa_T} \tag{8}$$

を使った。

理想気体（1 モル）の場合

$$C_p - C_V = R \tag{9}$$

練習問題

$$\alpha_S \equiv \frac{1}{V}\left(\frac{\partial V}{\partial T}\right)_S \tag{10}$$

$$\alpha_S = \alpha_p - \frac{\kappa_T C_p}{TV\alpha_p} \tag{11}$$

「断熱…」とはエントロピー一定のときの物理量デス

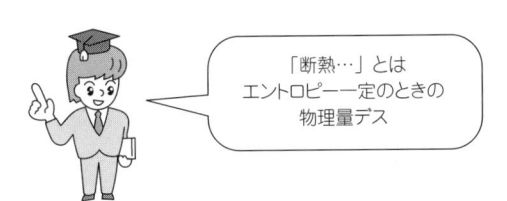

第6節★定圧比熱と定積比熱

CHAPTER 6 ▶▶▶ 熱力学関数のさらなる応用

第1節 復習を込めて，全微分からの偏微分

……復習です。

熱力学関数の自然な変数での全微分を見てきたが，自然な変数でなくても，任意の独立2変数で全微分は書くことができる。

●例1

(1) は，自然な変数による全微分。しかし，独立変数を変えて，(2) と書いて良い（もちろん，係数が何か有益な物理量にあたるかどうか，すぐにはわからない）。(2) の式から，偏微分の関係式 (3) を出すことができる（dT で「わって」，p 一定と考えた…という「感じ」）。さて，(3) の応用として，すぐ前の節に導いた比熱に関するマイヤーの式を，回りくどく出してみた (4) 〜 (6)。まあご覧あれ。

教訓：あまり数学（算数？）に頼りすぎるな！

●例2

全微分するものは，もちろん熱力学関数でなくてもよい。(7) から出発して，(3) と同様な (8) を経て，比熱に関する関係式 (10) が導かれる。最後にマクスウェルの関係式を使えば，すでに見たものだ。前にやった方法より簡単だ。

COLUMN

ならば「前章の第4節 偏微分の応用 (2)」は要らなかったかというと，そんなことはない。第1にそれは覚えやすかった。第2に，この節の技術は一般的すぎて，式変形に誤って使うと，いくらでも複雑になる（堂々巡りになったり〜）！！

例1

$$dU = \left(\frac{\partial U}{\partial S}\right)_V dS + \left(\frac{\partial U}{\partial V}\right)_S dV = TdS - pdV \tag{1}$$

$$dU = \left(\frac{\partial U}{\partial T}\right)_V dT + \left(\frac{\partial U}{\partial V}\right)_T dV \tag{2}$$

$$\left(\frac{\partial U}{\partial T}\right)_p = \left(\frac{\partial U}{\partial T}\right)_V + \left(\frac{\partial U}{\partial V}\right)_T \left(\frac{\partial V}{\partial T}\right)_p \tag{3}$$

$$C_p - C_V = \left(\frac{\partial H}{\partial T}\right)_p - \left(\frac{\partial U}{\partial T}\right)_V$$

$$= \left(\frac{\partial U}{\partial T}\right)_p + p\left(\frac{\partial V}{\partial T}\right)_p - \left(\frac{\partial U}{\partial T}\right)_V \tag{4}$$

(3) により

$$C_p - C_V = \left[\left(\frac{\partial U}{\partial V}\right)_T + p\right]\left(\frac{\partial V}{\partial T}\right)_p \tag{5}$$

ここで止めておくと，以前（2章第9節）の結果。

ここに $\left(\frac{\partial U}{\partial V}\right)_T = T\left(\frac{\partial p}{\partial T}\right)_V - p$ (6)

を使うと前節の結果。

例2

$$dS = \left(\frac{\partial S}{\partial T}\right)_V dT + \left(\frac{\partial S}{\partial V}\right)_T dV \tag{7}$$

$$\left(\frac{\partial S}{\partial T}\right)_p = \left(\frac{\partial S}{\partial T}\right)_V + \left(\frac{\partial S}{\partial V}\right)_T \left(\frac{\partial V}{\partial T}\right)_p \tag{8}$$

$$T\left(\frac{\partial S}{\partial T}\right)_p = T\left(\frac{\partial S}{\partial T}\right)_V + T\left(\frac{\partial S}{\partial V}\right)_T \left(\frac{\partial V}{\partial T}\right)_p \tag{9}$$

$$C_p = C_V + T\left(\frac{\partial S}{\partial V}\right)_T \left(\frac{\partial V}{\partial T}\right)_p \tag{10}$$

> $C_p = T\left(\frac{\partial S}{\partial T}\right)_p$
> $C_V = T\left(\frac{\partial S}{\partial T}\right)_V$
> は $d'Q = TdS$ だからいいネ？

第2節 等温圧縮率と断熱圧縮率

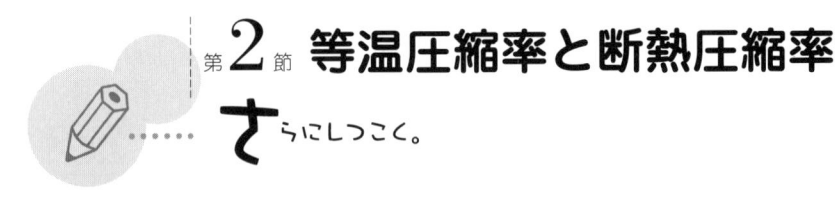

さらにしつこく。

●等温圧縮率と断熱圧縮率

定積比熱と定圧比熱に重要な関係があったように（5章第6節），等温圧縮率（1）と断熱圧縮率（2）の間にも重要な関係が存在する。

断熱圧縮率は，音速に関係しており，重力場内のガスのゆらぎの成長，減衰の過程の理論においても重要な物理量と考えられている。

今度は体積の全微分（3）から出発し，今までのテクニックを活用すると（5）が得られ，（6），（7），（8）を用いて，（9）になる。

これは前章第6節の比熱間の関係（11）に似ている。実際比べてみると，（12）のような等式が得られる。もっと簡便に（13）のように表せる。定圧比熱の方が定積比熱より大きいことから，等温圧縮率が断熱圧縮率よりも大きいことがわかる。

COLUMN

断熱圧縮率 $\kappa_S = -\dfrac{1}{V}\left(\dfrac{\partial V}{\partial p}\right)_S$ の逆数 $B = \dfrac{1}{\kappa_S}$（体積弾性率）を用いて，音速 $\sqrt{B/\rho} = \sqrt{\left(\dfrac{\partial p}{\partial \rho}\right)_S}$ と表せる（ρ は密度，$\propto 1/V$）。理想気体では（断熱変化で $pV^\gamma = $ 一定），音速 $= \sqrt{\gamma p/\rho}$（ラプラスの式）となる。また，音速 $= \sqrt{\gamma RT/M}$ と書ける。M は気体の分子量である。

ニュートンは，音速 $= \sqrt{p/\rho}$ とした。これは，等温圧縮率を用いたことに等価である（おしいが）。

等温圧縮率と断熱圧縮率

等温圧縮率：$\kappa_T = -\dfrac{1}{V}\left(\dfrac{\partial V}{\partial p}\right)_T$ \hfill (1)

断熱圧縮率：$\kappa_S = -\dfrac{1}{V}\left(\dfrac{\partial V}{\partial p}\right)_S$ \hfill (2)

$$dV = \left(\dfrac{\partial V}{\partial p}\right)_S dp + \left(\dfrac{\partial V}{\partial S}\right)_p dS \tag{3}$$

より，

$$\left(\dfrac{\partial V}{\partial p}\right)_T = \left(\dfrac{\partial V}{\partial p}\right)_S + \left(\dfrac{\partial V}{\partial S}\right)_p \left(\dfrac{\partial S}{\partial p}\right)_T \tag{4}$$

よって

$$\kappa_T - \kappa_S = -\dfrac{1}{V}\left(\dfrac{\partial V}{\partial S}\right)_p \left(\dfrac{\partial S}{\partial p}\right)_T \tag{5}$$

ここで

$$\left(\dfrac{\partial V}{\partial S}\right)_p = \left(\dfrac{\partial T}{\partial p}\right)_S ：マクスウェルの関係式 \tag{6}$$

$$\left(\dfrac{\partial T}{\partial p}\right)_S \left(\dfrac{\partial S}{\partial T}\right)_p \left(\dfrac{\partial p}{\partial S}\right)_T = -1 ：偏微分の公式 \tag{7}$$

$$\left(\dfrac{\partial S}{\partial p}\right)_T = -\left(\dfrac{\partial V}{\partial T}\right)_p ：マクスウェルの関係式 \tag{8}$$

を用いると

$$\kappa_T - \kappa_S = \dfrac{\alpha_p{}^2 TV}{C_p} \tag{9}$$

$$\alpha_p = \dfrac{1}{V}\left(\dfrac{\partial V}{\partial T}\right)_p ：定圧体膨張率 \tag{10}$$

$$C_p - C_V = \dfrac{\alpha_p{}^2 VT}{\kappa_T} ：マイヤーの式（一般の気体） \tag{11}$$

$$C_p(\kappa_T - \kappa_S) = \kappa_T(C_p - C_V) = \alpha_p{}^2 TV \tag{12}$$

$$\dfrac{C_p}{C_V} = \dfrac{\kappa_T}{\kappa_S} \tag{13}$$

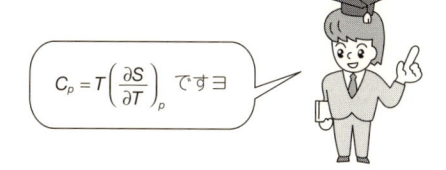

$C_p = T\left(\dfrac{\partial S}{\partial T}\right)_p$ ですヨ

第3節 磁性体

熱力学は気体以外にも適用できる。

●磁性体の熱力学

　磁界 H の中に磁性体をおくと，磁化 M が発生する。その磁化が dM だけ変化するときにエネルギーは HdM だけ変わる。これを磁性体になされた仕事と見れば（1）となる（文字 H を使うが，エンタルピーと混同しないように…ってスマン）。

　気体の場合の（2）とくらべれば，（3）という対応で考えればよい。符号の違いはこう考えても良い。気体の場合，圧力を掛ければ体積は減る（…もちろん今は他の細かな条件を考えない！）。磁性体の場合，磁界を掛ければ，磁化は増える。この違いである。

　こう考えていくと，熱力学関数の中で置き換えてやれば（4），（5）をはじめとした関係式が導き出される！

●磁性体の比熱と自由エネルギー

　ところで，磁性体において興味ある物理量は何であろうか。まず熱的に思い至るのが，磁化が一定のときの比熱，および磁界が一定のときの比熱である。それぞれは（6），（7）のように表されるだろう。それからもちろん，等温磁化率，断熱磁化率が重要である。これらは（8），（9）で表される。なお，磁化率のことを帯磁率ともいう。

　これらの間では前節と同様なことが全くパラレルに導かれ，それは（10）〜（12）である。

　（13），（14）のように，ギブスの自由エネルギー（磁界 H が自然な変数）が書き表される。これからも，いろいろな関係を導くことができる。

COLUMN

　仕事は，磁界と磁化変位の積だけでなく，「一般化された力」×「変位」の形で，取り入れることができる。

磁性体の熱力学

磁性体：$d'W = HdM$ (1)

気体：$d'W = -pdV$ (2)

$p \to -H, \ V \to M$ （$p \to H, \ V \to -M$ でもよい） (3)

磁性体の内部エネルギー：$dU = TdS + HdM$ (4)

マクスウェルの関係式

$\left(\dfrac{\partial S}{\partial H}\right)_T = \left(\dfrac{\partial M}{\partial T}\right)_H$ など (5)

磁性体の比熱と自由エネルギー

磁化が一定のときの比熱：$C_M = T\left(\dfrac{\partial S}{\partial T}\right)_M$ (6)

磁界が一定のときの比熱：$C_H = T\left(\dfrac{\partial S}{\partial T}\right)_H$ (7)

等温磁化率（帯磁率）：$\chi_T = \left(\dfrac{\partial M}{\partial H}\right)_T$ (8)

断熱磁化率（帯磁率）：$\chi_S = \left(\dfrac{\partial M}{\partial H}\right)_S$ (9)

$C_H - C_M = \dfrac{T}{\chi_T}\left(\dfrac{\partial M}{\partial T}\right)_H^2$ (10)

$\chi_T - \chi_S = \dfrac{T}{C_H}\left(\dfrac{\partial M}{\partial T}\right)_H^2$ (11)

$\dfrac{\chi_T}{\chi_S} = \dfrac{C_H}{C_M}$ (12)

ギブスの自由エネルギー：$G = U - TS - MH$ (13)

$dG = -SdT - MdH$ (14)

> 熱力学は
> 気体にだけ適用されるわけではなく，
> 固体，液体などでも使えるのデス

●例題： $\left(\dfrac{\partial U}{\partial M}\right)_T = H - T\left(\dfrac{\partial H}{\partial T}\right)_M$　を示せ。

これは，すぐに導くことができるだろう（5章第3節参照）。

●キュリーの法則

キュリーの法則（15）が成り立つとき，上の例題の右辺は0になり，等温変化では内部エネルギーは磁化によらないことがわかる（一般には，$M = f_0(H/T)$，f_0 は任意の関数であっても同様）。キュリーの法則は，理想気体の状態方程式に対応している，といえる。常磁性体の多くはこれに従う。

●磁性体のサイクル

気体と同様に，サイクルを考えることができる。状態Aから等温変化（温度 T_1）で状態Bに移る。状態Bから状態Cまでは断熱変化。状態Cから状態Dまでは，温度 T_2 の等温変化，状態Dから状態Aへは断熱変化をするとしよう。カルノーサイクルと同じである。

等温変化では，キュリーの法則にしたがう磁性体の内部エネルギーは一定だから $d'Q = -HdM$ となり，吸収する熱はそれぞれ Q_{AB}（16），Q_{CD}（17）となる。したがって効率は，（18）となる。

断熱変化では，（4）より，（19）であることがわかるので，（20）（21）を得る。天下りになってしまうが，温度のみで決まる量（ここでは dU/T）の一周積分はゼロになる（元に戻る）ことが知られている。等温変化では，キュリーの法則にしたがう磁性体の内部エネルギーは変わらないから，（20）と（21）を足したものがゼロとなる。したがって（22）を得る。これを（18）に代入すると（23）。やはり，カルノーサイクルの効率は，高温熱源と低温熱源の温度のみで決まる値となっている！（そうでないと，気体の機関と磁性体の機関を組み合わせたら変なことが起きてしまうぞ）

キュリーの法則

キュリーの法則： $M = \dfrac{CH}{T}$ \hfill (15)

C はキュリー定数
（多くの場合 1K 程度でも成り立つ）

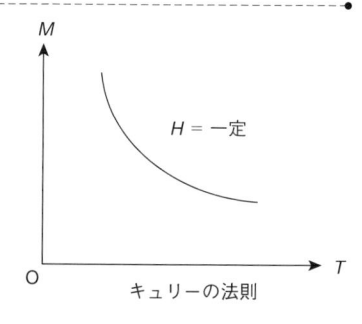

キュリーの法則のグラフ（$H =$ 一定、M vs T）

磁性体のサイクル

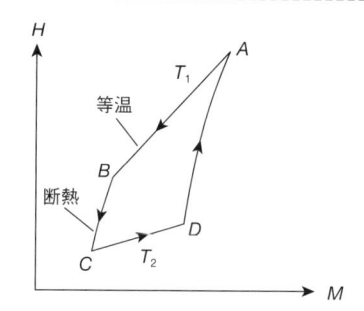

磁性体サイクル図（H-M 平面、$A \to B$ 等温 T_1、$B \to C$ 断熱、$C \to D$ 等温 T_2、$D \to A$ 断熱）

等温変化では

$$Q_{AB} = -\int_A^B H dM = -\frac{C}{2}\frac{H_B{}^2 - H_A{}^2}{T_1} > 0 \quad \longleftarrow \text{キュリーの法則の式を使った} \tag{16}$$

$$Q_{CD} = -\frac{C}{2}\frac{H_D{}^2 - H_C{}^2}{T_2} < 0 \tag{17}$$

$$\eta = \frac{Q_{AB} + Q_{CD}}{Q_{AB}} = 1 + \frac{T_1}{T_2}\frac{H_D{}^2 - H_C{}^2}{H_B{}^2 - H_A{}^2} \tag{18}$$

断熱変化では $dS = 0$,

$$dU = HdM = \frac{T}{C} MdM \tag{19}$$

$$\int_B^C \frac{dU}{T} = \frac{C}{2}\left(\frac{H_C{}^2}{T_2{}^2} - \frac{H_B{}^2}{T_1{}^2}\right) \tag{20}$$

$$\int_D^A \frac{dU}{T} = \frac{C}{2}\left(\frac{H_A{}^2}{T_1{}^2} - \frac{H_D{}^2}{T_2{}^2}\right) \tag{21}$$

$$0 = \frac{(H_C{}^2 - H_D{}^2)}{T_2{}^2} + \frac{(H_A{}^2 - H_B{}^2)}{T_1{}^2} \tag{22}$$

ゆえに

$$\eta = 1 - \frac{T_2}{T_1} \tag{23}$$

第3節★磁性体

第4節 強磁性体

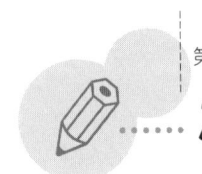

磁化と自由エネルギーは深い関係がある。

●キュリー・ワイスの法則

常磁性体では，（磁界が弱いときは）磁化は磁界に比例する。強磁性体では，磁界を掛けなくても「自発磁化」が起きる…これは磁石だ。強磁性体は，永久磁石だけでなく，いろいろな記録媒体でも重要であることは，いうまでもない（「役に立つ」ことについては，私よりもみなさんの方がよく知っている）。

強磁性体は自発磁化を示すが，キュリー温度 T_C 以上では自発磁化はなくなり，常磁性体となる。このような強磁性体の高温領域での磁化と磁界の関係は，キュリー・ワイスの法則で与えられる関係式でよく表される（1）。

●常磁性体を熱力学的に考察する

さて，磁性体についての熱力学的な考察をしてみよう！

まず，常磁性体で，キュリーの法則にしたがうものを考えてみる。ヘルムホルツの自由エネルギー $F(T, M)$ は，（2）の条件から，（3）の形に書けると推測できる。キュリーの法則でないときでも，線形近似（4）が成り立てば，（5）のように表されるだろう。ギブスの自由エネルギーは（6）のようになる。

●強磁性体と自発磁化

強磁性体でも，キュリー温度以上では，常磁性体と同様に振る舞うので，（4）～（6）の形が有効であろう。強磁性体では，Fとして（7）を仮定してみる。磁化が十分小さく，$A(T)$ が正ならば，ほぼ（5）の形で常磁性を表すことができている。ということは，その条件が破れることで，自発磁化が表されれば良い。

（8）のように仮定してみよう。すると，キュリー温度以下では，自由エネルギーの最小値は磁化がゼロの場合ではなくなる！ （9）のような温度依存性を持つ自発磁化が自由エネルギーを最小にする。また，キュリー温度以上の場合に，磁化と磁界の関係は，（10），すなわち（11）ということで，この温度依存性は，キュリー・ワイスの法則と完全に一致する。

キュリー・ワイスの法則

キュリー・ワイスの法則：$M = \dfrac{C'H}{T - T_C}$ (1)

常磁性体を熱力学的に考察する

$H = \left(\dfrac{\partial F}{\partial M}\right)_T$ ，キュリーの法則：$M = \dfrac{CH}{T}$ (2)

$F(T, M) = F(T, 0) + \dfrac{T}{2C} M^2$ (3)

$M = \chi H$ (4)

$F(T, M) = F(T, 0) + \dfrac{1}{2\chi} M^2$ (5)

$G(T, H) = G(T, 0) - \dfrac{1}{2} \chi H^2$ (6)

強磁性体と自発磁化

$F(T, M) = F(T, 0) + A(T) M^2 + B(T) M^4 + \cdots$ (7)

$T \fallingdotseq T_C,\ A(T) \fallingdotseq a(T - T_C),\ B(T) \fallingdotseq b$ (8)
(a, b は定数)

$T < T_C$ では自発磁化 $M(T) \propto (T_C - T)^{\frac{1}{2}}$ (9)

$T > T_C$ では常磁性 $H \propto (T - T_C) M$ (10)

すなわち $\chi \propto (T - T_C)^{-1}$ (11)

> 自発磁化は（2次）相転移現象デス

> 7章第4節で，一般に「熱平衡状態は F が最小の状態である」ことを見マス

第5節 超伝導体

超伝導に熱力学を適用してみる。

●超伝導

　超伝導体は，ある温度以下では突然電気抵抗がゼロになる性質を持つ（これにより，強力な電磁石を作ることができるようになった）。それだけではなく，マイスナー効果と呼ばれる，磁力線を超伝導体の外にはじき出す性質も持っている（これにより，超伝導体の上に磁石を浮かすことができる）。

　超伝導状態は，いわば「完全反磁性」を示す状態である。つまり，超伝導体中で生じる磁化は，外磁場（磁界）を完全に打ち消す（1）。

　温度一定のとき，ギブスの自由エネルギーの全微分は（2）のように書けるから，特に次数の高い項を考えない限り，超伝導体のギブスの自由エネルギーは，（3）の形であることがわかる。

　すなわち，超伝導体では磁界があると，ギブスの自由エネルギーが大きくなる。逆に，通常の磁性体では，磁界がかかっているほうが自由エネルギーが低い状態である。

●臨界磁場（磁界）

　ある種の超伝導体では，臨界磁場（磁界）H_c が存在し，それ以上の磁界がかかると，常伝導状態となってしまう。その大きさはおおよそ（4）のように振る舞う。

COLUMN

　超伝導は，カマーリング・オネス（オランダ，1853 ～ 1926）によって，水銀を 4.2K 以下に冷却することよって発見された（1911）。その後，多くの金属において超伝導状態が研究された。1986 年，ある種の銅酸化物において，液体窒素の沸点（−196℃）程度で超伝導状態となることが発見された。近年，このような高温超伝導体としていろいろな物質が見出されてきている。

超伝導

超伝導体の磁化: $M = -\mu_0 H$ (μ_0:真空の透磁率) (1)

$dG = -MdH$ (2)

$G(H) = G(0) + \dfrac{1}{2}\mu_0 H^2$ (3)

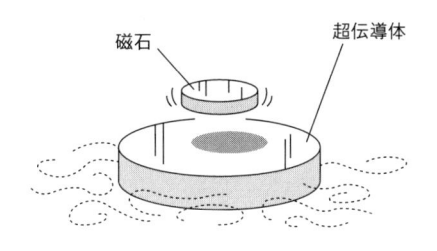

磁石 / 超伝導体

マイスナー効果

臨界磁場

$H_C = H_0\left[1 - \dfrac{T^2}{T_C{}^2}\right]$ (4)

常伝導状態

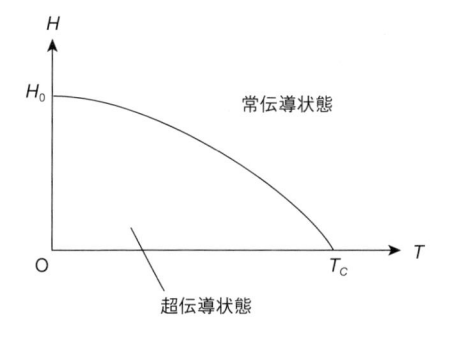

超伝導状態

磁場のために超伝導状態が壊れマス

第6節 断熱消磁法

……極低温を作る原理。

●温度を下げる方法

一般には，磁界を掛けるとエントロピーが低下する。磁界によってミクロな磁気モーメントが揃う傾向にあるため，乱雑さが減少するからである…と書いたがエントロピーのミクロな説明はまだだった…（10章！）。

磁界によってエントロピーが減少する（図の①）と熱が生じるが，それは冷凍機などで取り除く。そのあと外界と遮断し（断熱），徐々に磁界をゼロにする。断熱変化ではエントロピーは一定なので図の②のように変化し，温度が低下する。そしてまた磁界を掛けて冷却，…を繰り返すと，温度がどんどん下がってゆく。このようにして極低温を得る方法を断熱消磁法という。

数 K から，電子スピンによる磁性を用いて数 mK 程度，さらに核スピン磁性を使って数 μK まで冷却が行われる。

●温度が下がる理由

断熱したまま磁界を変化させるときの温度変化を考えてみよう（図の②）。まず，（1）であることから（大丈夫かな？）出発する。ここに，マクスウェルの関係式（2）と，気体の状態方程式に当たる（3）から導かれる（4）を用いる。一方，一定磁界のもとでの比熱（5）を使うと，（6）がわかる。ここにキュリーの法則（7）を入れると（8）のようになり，これは正である。したがって，断熱状態で磁界を取り除けば，温度は下がる。

COLUMN

章末問題：（9）を証明せよ。

断熱消磁法

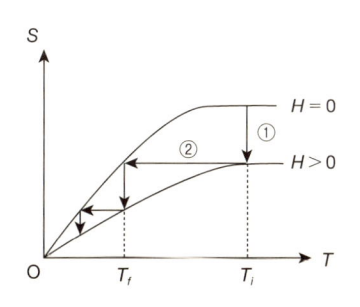

$$\left(\frac{\partial T}{\partial H}\right)_S = -\frac{(\partial S/\partial H)_T}{(\partial S/\partial T)_H} \quad (1)$$

$$\left(\frac{\partial S}{\partial H}\right)_T = \left(\frac{\partial M}{\partial T}\right)_H \quad (2)$$

$$M = \chi_T H \quad (3)$$

$$\left(\frac{\partial M}{\partial T}\right)_H = H\left(\frac{\partial \chi_T}{\partial T}\right)_H \quad (4)$$

$$T\left(\frac{\partial S}{\partial T}\right)_H = C_H \quad (5)$$

$$\left(\frac{\partial T}{\partial H}\right)_S = -\frac{T}{C_H}\left(\frac{\partial M}{\partial T}\right)_H$$

$$= -\frac{TH}{C_H}\left(\frac{\partial \chi_T}{\partial T}\right)_H \quad (6)$$

$$\chi_T = \frac{C}{T} \quad (7)$$

$$\left(\frac{\partial T}{\partial H}\right)_S = \frac{C}{C_H T} H > 0 \quad (8)$$

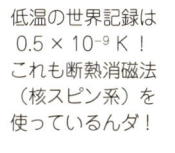

低温の世界記録は 0.5×10^{-9} K！これも断熱消磁法（核スピン系）を使っているんダ！

こらむ

$$\left(\frac{\partial C_H}{\partial H}\right)_T = TH\left(\frac{\partial^2 \chi_T}{\partial T^2}\right)_H \quad (9)$$

キュリーの法則を代入すると

$$\left(\frac{\partial C_H}{\partial H}\right)_T = \frac{2CH}{T^2} \quad (10)$$

第4部
相転移と相平衡

CHAPTER 7 ▶▶▶ 開いた系（粒子数が変化する系）

第1節 化学ポテンシャル

1個の粒子が加わるのに必要なエネルギー。

● 化学ポテンシャルとは何か

　いままでは，気体の分子数は一定として考えてきた。分子の出入りや，分子の離合集散や反応により，分子数が変わるときの，熱力学的関数の取り扱いはどうなるだろう。

　これからは一般に，分子数ではなく，粒子数と呼ぶことにする。粒子数が今考えているシステム（たとえば閉じこめられた気体など）で1個変化するのに必要な（平均）エネルギーを，化学ポテンシャルと呼び，μ で表す。粒子数は示量変数だが，μ は示強変数である。粒子数 N の変化は dN で表す。何種類かの粒子の混合気体の場合は，一般にそれぞれに異なる化学ポテンシャルを導入する。

　粒子の出入りのあるシステムを，開かれた系（または，開いた系）と呼ぶことがある。閉じた（開かれた，の逆）系で定義された熱力学関数は，内部エネルギーの変化分が粒子数変化の項の付加により変更されたことをうけて，(1) から (7) のようになる。$dN=0$ のときは，閉じた系の熱力学関数に戻る。

● 熱力学ポテンシャル

　開いた系では新たに (8) という関数が定義される。これを熱力学ポテンシャルという。しばしば，熱力学関数のことを熱力学ポテンシャルと呼ぶことがあるが，狭い意味では，熱力学ポテンシャルといえばこの Ω のことを指す（面倒くさいことに，ギブスの自由エネルギーのことを熱力学ポテンシャルということがあるそうだ）。

　量子統計力学では，この熱力学ポテンシャルが（きわめて）重要となるが，それはまた，後々の話…

　さて，化学ポテンシャルを，U, F, G, H の偏微分（つまり4通り）で表すと式 (11) のようになる。

化学ポテンシャル

μ：化学ポテンシャル
粒子1個変化するのに必要なエネルギー

内部エネルギー
$$dU(S, V, N) = TdS - pdV + \mu dN \quad (1)$$

ヘルムホルツの自由エネルギー
$$F = U - TS \quad (2)$$
$$dF = -SdT - pdV + \mu dN \quad (3)$$

ギブスの自由エネルギー
$$G = F + pV = U - TS + pV \quad (4)$$
$$dG = -SdT - Vdp + \mu dN \quad (5)$$

エンタルピー
$$H = U + pV \quad (6)$$
$$dH = TdS + \mu dN - Vdp \quad (7)$$

熱力学ポテンシャル

熱力学ポテンシャル：$\Omega = F - \mu N \quad (8)$

$$d\Omega = -SdT - pdV - Nd\mu \quad (9)$$

$$\left(\frac{\partial \Omega}{\partial \mu}\right)_{TV} = -N \quad (10)$$

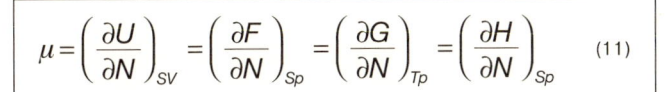

$d\Omega$ の各項には ⊖ がつくよ!!

$$\mu = \left(\frac{\partial U}{\partial N}\right)_{SV} = \left(\frac{\partial F}{\partial N}\right)_{Sp} = \left(\frac{\partial G}{\partial N}\right)_{Tp} = \left(\frac{\partial H}{\partial N}\right)_{Sp} \quad (11)$$

偏微分の添え字は2つの変数を止めることを意味していマス

第2節 ギブス・デュエムの関係式

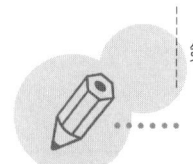

開いた系におけるギブスの自由エネルギー。

●ギブスの自由エネルギーの示量性

開いた系におけるギブスの自由エネルギーの独立変数は，温度，圧力，粒子数である。このうち，温度と圧力は示強変数，粒子数のみが示量変数である。

したがって，（温度と圧力一定で）粒子数を λ 倍すると，ギブスの自由エネルギーも λ 倍になる (1)。

λ を $\lambda+\Delta\lambda$ にしたもの (2) との差をとると（$\Delta\lambda$ は微小量），G の差は偏微分を使って表されるから，(3) がわかる。結局 $\Delta\lambda$ は何でも良いので，(4) が成り立つ。

●ギブス・デュエムの関係式

ギブスの自由エネルギーの微小変化（全微分）を (4) から作ると (5) である。$d(\mu N) = Nd\mu + \mu dN$ については関数の積の微分を思う出そう。一方で前節で見たように (6) であった。したがって，ギブス・デュエムの関係式 (7) が得られる。

この関係式は，3つの示強変数 T, p, μ は，独立に変化させることはできないことを表している。さらに，そもそもの (4) は，書き換えれば (8) である（「ギブス・デュエムの関係式の積分形」と言いたいところだが，誰も言わない）。

●化学ポテンシャルの全微分

(7) の両辺を粒子数 N で割ると，(9) を得る。ここで，s は1粒子あたりのエントロピー，ρ は数密度である。この関係式から，確かに独立変数 T と p で化学ポテンシャルが表されることがわかる。このことから，(12)，(13) であることがわかる。これらについてマクスウェルの関係式をたてると，(14) となる。

ここで，s や ρ など，示量変数から作られた示強変数が登場した。化学ポテンシャルは，「1粒子当たりのエネルギー増加分」の意味であるから，示量変数は化学ポテンシャルの式に現れないのである。

ギブスの自由エネルギーの示量性

ギブスの自由エネルギー：$G(T, p, N)$

$$G(T, p, \lambda N) = \lambda G(T, p, N) \tag{1}$$

$$G(T, p, (\lambda + \Delta\lambda)N) = (\lambda + \Delta\lambda)G(T, p, N) \tag{2}$$

$$\Delta\lambda \cdot G(T, p, N) = \left(\frac{\partial G(T, p, N)}{\partial N}\right)_{Tp} N\Delta\lambda = \mu N \Delta\lambda \tag{3}$$

$$G(T, p, N) = \mu(T, p)N \tag{4}$$

$\mu = \left(\dfrac{\partial G}{\partial N}\right)_{Tp}$ デス

ギブスの自由エネルギーの示量性

$$dG = d(\mu N) = N d\mu + \mu dN \tag{5}$$

$$dG = -SdT + Vdp + \mu dN \tag{6}$$

$$\boxed{\text{ギブス・デュエムの関係式：} -SdT + Vdp - Nd\mu = 0} \tag{7}$$

$$U - TS + pV - \mu N = 0 \tag{8}$$

化学ポテンシャルの全微分

$$d\mu = -sdT + \frac{1}{\rho}dp \tag{9}$$

粒子当たりのエントロピー：$s = \dfrac{S}{N}$ $\tag{10}$

粒子数密度：$\rho = \dfrac{N}{V}$ $\tag{11}$

$$\left(\frac{\partial \mu}{\partial T}\right)_p = -s, \tag{12}$$

$$\left(\frac{\partial \mu}{\partial p}\right)_T = \frac{1}{\rho} = v \tag{13}$$

v：1粒子当たりの体積

$$-\left(\frac{\partial s}{\partial p}\right)_T = \left(\frac{\partial \frac{1}{\rho}}{\partial T}\right)_p \tag{14}$$

第3節 示強性熱力学関数

熱力学関数を見直す。

　前節のギブスの自由エネルギーの取り扱いと同様，示強性と示量性に注目して，開いた系における他の熱力学関数を見直してみよう。その考察に付随して，前項の数密度のような，示強変数から導かれた示量変数が顔を出してくることがわかる。

●熱力学ポテンシャル

　熱力学ポテンシャル Ω では，独立変数は温度，体積，化学ポテンシャルの3つである。このうち示量変数は1つだけ（体積 V）なので，前節の（4）のギブスの自由エネルギーと同じように取り扱うことができる（1）。すなわち，（2）のように書ける。

　（2）の全微分から（3）を得るが，一方，（4）の（もともとの）関係から，（5）のギブス・デュエムの関係式そのものが得られる（なんだ，新しいことはないのだ）。

　この式を（6）のように書き直す。この式から，（7），（8），（9）が導かれる。

●ヘルムホルツの自由エネルギー

　特別な場合として，粒子数の変化しない閉じた系では，熱力学ポテンシャルはヘルムホルツの自由エネルギーに戻る。ヘルムホルツの自由エネルギーの（単位体積当たりの）密度が，圧力にマイナスをつけたものとなっている。

COLUMN

　1粒子当たり…をいろいろ考えているが，実用上は，もちろん1モル当たりの量などを考えることが多い。

熱力学ポテンシャル

熱力学ポテンシャル：$\Omega(T, V, \mu) \equiv U - TS - \mu N$

$$\Omega = \left(\frac{\partial \Omega}{\partial V}\right)_{T\mu} V = -pV \tag{1}$$

$$\Omega(T, V, \mu) = -p(T, \mu)V \tag{2}$$

$$d\Omega = -Vdp - pdV \tag{3}$$

$$d\Omega = -SdT - pdV - Nd\mu \tag{4}$$

ギブス・デュエムの関係式：$Vdp = SdT + Nd\mu \tag{5}$

$$dp = \frac{S}{V}dT + \frac{N}{V}d\mu = s\rho dT + \rho d\mu \tag{6}$$

$$\left(\frac{\partial p}{\partial T}\right)_\mu = s\rho, \tag{7}$$

$$\left(\frac{\partial p}{\partial \mu}\right)_T = \rho \tag{8}$$

$$\left(\frac{\partial(s\rho)}{\partial \mu}\right)_T = \left(\frac{\partial \rho}{\partial T}\right)_\mu \tag{9}$$

ヘルムホルツの自由エネルギー

ヘルムホルツの自由エネルギー：$F(T, V) = U - TS$

$$F = \left(\frac{\partial \Omega}{\partial V}\right)_T V = -pV$$

$$\frac{F}{V} = u - Ts\rho = -p$$

u：（内部）エネルギー密度

例えば，$G = \mu N$ で N をモルで計れば μ は1モル当たりの化学ポテンシャル

第4節 熱平衡状態の安定性

エントロピー増大から導かれる。

●熱平衡状態とは何か

いままで，熱平衡状態についてのみ，議論を進めてきた。現実の世界では，平衡でない状態は多く存在する。温度の異なる物体が接触したとき，熱が高温物体から低温物体に移り，温度が均一の状態になる。これが平衡の状態と考えられる。

熱平衡状態が達せられれば，それ以上の変化は見られなくなる。もっとも，今注目しているのは，熱力学的な量で，ミクロな変化は常に起こっていても良い。

力学でいえば，平衡状態は，力の釣り合いの状態であろう。ただし，力が釣り合っていれば，そのまま安定といえるわけではない。例として，剛体振り子を考えよう。その重心が支点の真下にあるときは，安定である。逆に，重心が支点の真上のあるときは，不安定である。両方の状態とも，力の釣り合い状態であるが，安定な場合は，（仮想的に）振り子を微小にずらしても，もとの位置に戻す力が働き，逆に，不安定な場合は，ずれが大きくなる向きに力が働く。

このような力学の場合の安定性は，位置エネルギーを考えて見れば，判断できる。位置エネルギー最低の状態は，安定である。なぜならば，一般の状態では，エネルギーがより低い状態に向かう方向に力が働くが，位置エネルギー最低の状態ではそれ以上変化のしようがないからである。

COLUMN

孤立系…外界と熱のやりとり，仕事のやりとり，（粒子の出入りも）がないシステム…では，前に見たように，一般の変化において，エントロピーは常に増大する。したがって，孤立系では，エントロピー最大の状態が，熱平衡状態である。なぜなら，それ以上の変化が不可能であるから。

熱平衡状態

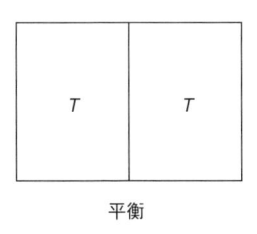

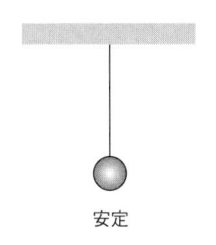

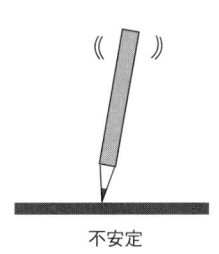

平衡

安定　　不安定

エネルギーが低い状態が安定

孤立系

孤立系：熱平衡状態は，S（エントロピー）最大の状態

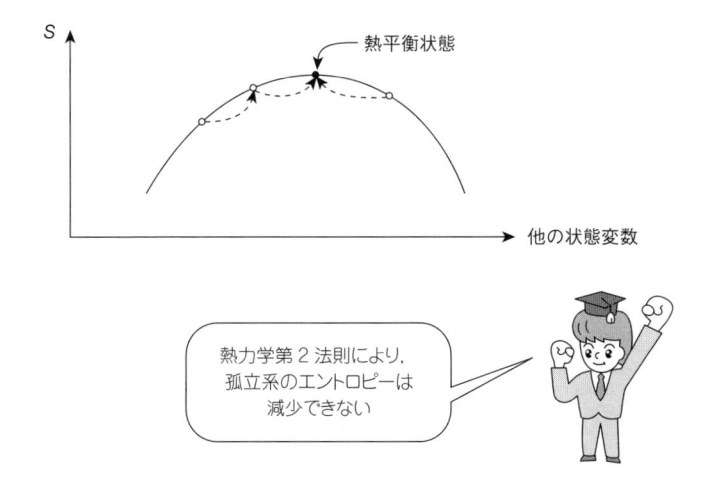

他の状態変数

熱平衡状態

熱力学第2法則により，孤立系のエントロピーは減少できない

●**熱平衡と自由エネルギー**

　熱力学第1法則は，(1) と書ける。ここでは dQ' について書く (2)。気体の周りを温度 $T_熱$ の熱浴で囲む。このときも，一般の変化では，(3) であるから (4章第5節)，不等式 (4) が成り立つ。さらに，気体の体積が不変な場合，外界と仕事のやりとりも無いので，(5) となる。

　$T=T_熱$ が一定であることに気をつけると，等温，定積の一般の変化では，ヘルムホルツの自由エネルギーは，減少する (6)。ゆえに，これまでと同様な議論により，熱平衡状態では，ヘルムホルツの自由エネルギーは最小となる。

　全く同様に，等温，定圧の条件の下で，熱平衡状態では，ギブスの自由エネルギーが最小となる (7) (8)。

　同様の議論で，気体が外界にする仕事の大きさは，気体のヘルムホルツの自由エネルギーの減少分を越えないことを示せる。このことから，「自由」という言葉には，自由に使えるエネルギーという意味がこめられていることがわかる。

COLUMN

　温度が均一で一定の状態を熱平衡状態という。また，圧力一定の状態を力学平衡状態という。同様に，化学ポテンシャル一定の状態を化学平衡状態という。

　わざわざこれらの用語を必要とするのは，平衡からのずれ，ゆらぎを議論するときである。

熱平衡と自由エネルギー

熱力学第1法則:$dU = d'Q + d'W$ (1)

$d'Q = dU - d'W$ (2)

外界 = 温度 $T_熱$ の熱浴のもとで,一般の変化(不可逆でもよい)では,

$dS \geqq \dfrac{d'Q}{T_熱}$ (3)

ゆえに

$T_熱 dS \geqq dU - d'W$ (4)

温度一定,体積一定($d'W = 0$):$dU - TdS \leqq 0$ (5)

$\rightarrow dF \leqq 0 \quad (F = U - TS)$ (6)

> 温度一定,体積一定:熱平衡状態は,F(ヘルムホルツの自由エネルギー)最小の状態

温度一定,圧力一定:$dU - TdS - d'W = dU - TdS + pdV \leqq 0$ (7)

$\rightarrow dG \leqq 0 \quad (G = U - TS + pV)$ (8)

> 温度一定,圧力一定:熱平衡状態は,G(ギブスの自由エネルギー)最小の状態

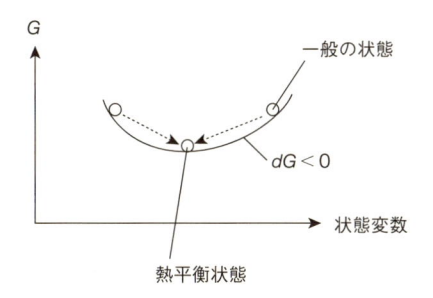

ここでは,平衡でない状態や,不可逆変化を考えていることに注意

第5節 安定性と不等式

極値かどうかは 2 次の変化分を調べる。

●安定性と極値

　安定な系では熱力学関数が極大，極小となる，という議論を前節でしてきた。一般に，関数の極値が，極大か極小か，あるいはどちらでもないか，を見るには，関数の 2 次の変化分を調べる必要がある。このことより，熱力学的な不等式が，極大極小の条件から導かれる。ただし，熱力学では変数が複数あるので少しややこしい。ここでは結果だけを示す。

　エントロピーについて考えてみる。エントロピーを V と U の関数と見たとき，2 次の変化分は（1）のようになる。ここでの δ のついた変化分は，仮想的に値がずれたと思って良い。このとき 1 次の変化はゼロ，すなわち，S は極値であるとするが，S が極大であるためには，（2）（3）（4）が成り立たなければならない。1 変数の場合とくらべると複雑である。

　これらの条件式から，安定な系であるためには定積比熱や等温圧縮率が正でなければならないことがわかる。それには(5)，(6)を示せばよい…できるかな？

COLUMN

ルシャトリエの原理
「熱平衡状態にある系に，ある作用を加えると，その作用を打ち消す方向の変化が現れる」
　これはまさに安定性を述べたものだ。
　電磁気学でも，たとえば，電磁誘導における「レンツの法則」などは変化を打ち消す方向を示している。関係のないところにも，面白い類似性がある。
　「自然界における安定性」については，量子力学も含めた，さまざまな分野を追う題した議論を展開することができる。

安定性と極値

エントロピー S の 2 次の微小変化

$$\delta^2 S = \frac{1}{2}\left(\frac{\partial^2 S}{\partial U^2}(\delta U)^2 + 2\left(\frac{\partial^2 S}{\partial U \partial V}\right)\delta U \delta V + \left(\frac{\partial^2 S}{\partial V^2}\right)(\delta V)^2\right) \tag{1}$$

$$\left(\frac{\partial^2 S}{\partial U^2}\right) < 0 \tag{2}$$

$$\left(\frac{\partial^2 S}{\partial V^2}\right) < 0 \tag{3}$$

$$\left(\frac{\partial^2 S}{\partial U \partial V}\right)^2 - \left(\frac{\partial^2 S}{\partial U^2}\right)\left(\frac{\partial^2 S}{\partial V^2}\right) < 0 \tag{4}$$

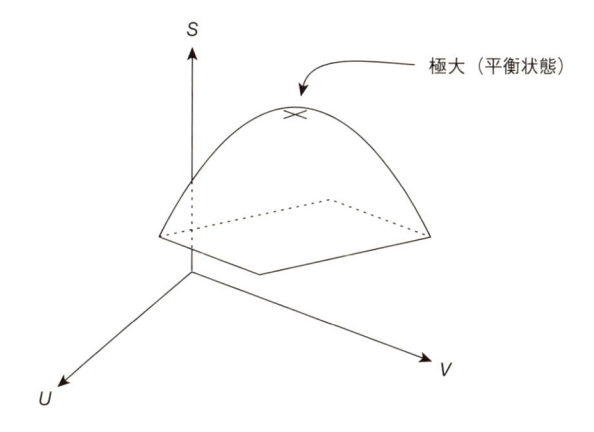

極大(平衡状態)

$$\left(\frac{\partial^2 S}{\partial U^2}\right) = -\frac{1}{C_V T^2} \tag{5}$$

$$\left(\frac{\partial^2 S}{\partial U \partial V}\right)^2 - \left(\frac{\partial^2 S}{\partial U^2}\right)\left(\frac{\partial^2 S}{\partial V^2}\right) = -\frac{1}{\kappa_T C_V T^3 V} \tag{6}$$

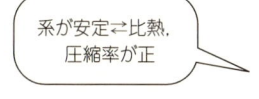

系が安定⇄比熱, 圧縮率が正

CHAPTER 8 ▶▶▶ 相の熱力学

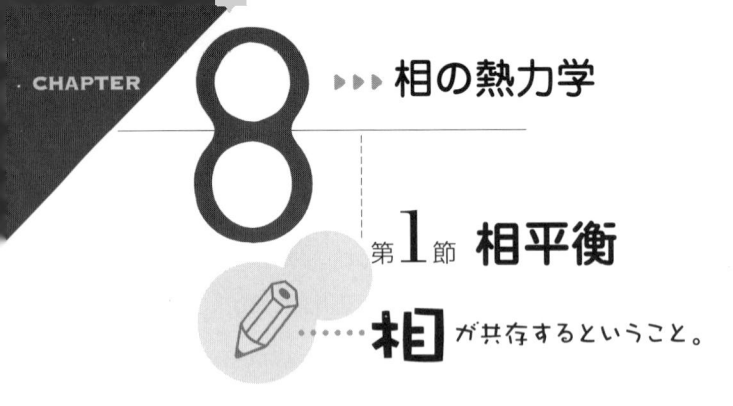

第1節 相平衡

相が共存するということ。

●相とは何か

　一般の物質は，温度や圧力の変化により，いろいろな特徴を持った状態変化を見せる。たとえば，よく知られた水は，常温では液体であるが，低温では固体，高温になると気体の状態になる。化学的・物理的に均一な部分を「相」とよぶ。今の場合，水には，液相，固相，気相があるということである。

　$p\text{-}T$ 図上に，状態図を書き表す。これを相図という。異なる相の境界が線の場合，相境界，または共存曲線という。共存曲線上では，その両側の相が共存している状態（相平衡）を表す。両相での温度，圧力は共通である。一般に，2相共存のためには，温度と圧力を独立に選ぶことはできない。

●相の共存

　2相共存の条件を求める。2相の全内部エネルギー，全体積は一定とする（1）（2）。仮想変位はこの条件の下で，（3）（4）のようになる。また，エントロピーは平衡状態で最大であるから，1次の変位はゼロとなる。このことと（3）（4）から（5）を得る。残っている2つの仮想変位 δU_1，δV_1 は独立であるから，おのおのの係数に当たる部分は，平衡ならばゼロでなくてはならない。すなわち（6）が成り立ち，2相共存状態では温度と圧力が等しいことがわかった。

●相の共存と化学ポテンシャル

　7章第4節で見たように，温度と圧力を指定した平衡状態では，ギブスの自由エネルギーが最小となる。通常，相の共存状態でも，粒子は相の間を行き来するから，粒子数の仮想変位を考えるとギブスの自由エネルギーの変位は（7）となる。また，総粒子数は変わらないことから（8），両相の化学ポテンシャルが等しいことが示せる（9）。化学ポテンシャルは，1粒子あたりのギブスの自由エネルギーであることに注意！

相とは何か

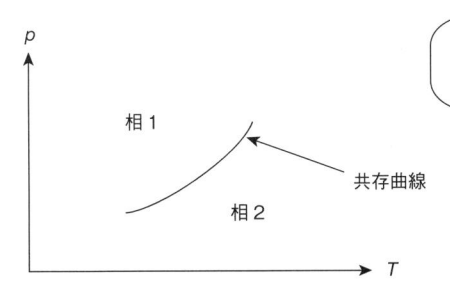

(p-T 図: 相1, 相2, 共存曲線)

> 曲線上では，2 相は熱平衡，力学平衡，そして化学平衡

相の共存

$$U = U_1 + U_2 = 一定 \tag{1}$$
$$V = V_1 + V_2 = 一定 \tag{2}$$
$$\delta U = \delta U_1 + \delta U_2 = 0 \tag{3}$$
$$\delta V = \delta V_1 + \delta V_2 = 0 \tag{4}$$

$$\delta S = \delta S_1 + \delta S_2$$
$$= \left(\frac{1}{T_1} - \frac{1}{T_2}\right)\delta U_1 + \left(\frac{p_1}{T_1} - \frac{p_2}{T_2}\right)\delta V_1 = 0 \tag{5}$$

$$T_1 = T_2, \quad p_1 = p_2 \tag{6}$$

> $\delta S_1 = \dfrac{1}{T_1}(\delta U_1 + p_1 \delta V_1)$
> $\delta S_2 = \dfrac{1}{T_2}(\delta U_2 + p_2 \delta V_2)$
> デス

相の共存と化学ポテンシャル

共存曲線上で $G = G_1(T, p) + G_2(T, p)$ は最小

$$\delta G = \mu_1(T, p)\,\delta N_1 + \mu_2(T, p)\,\delta N_2 = 0 \tag{7}$$

総粒子数は変わらないから

$$\delta N_1 + \delta N_2 = 0 \tag{8}$$

したがって

$$\boxed{\mu_1(T, p) = \mu_2(T, p)} \tag{9}$$

人相共存

第 1 節 ★ 相平衡

第2節 クラペイロン・クラウジウスの式

変化を追う関係式。

●クラペイロン・クラウジウスの式

共存曲線に沿って，温度と圧力を変化させることを考えてみよう。

共存曲線上で両相の化学ポテンシャルが等しいことから，(1) が成り立つ。両辺を T で微分して，(2)。この微分は μ の全微分の式を dT でわったと考えればよい。この式に，7章第2節の (12)(13) 式を用いると，(3) が求められる。これは dp/dT（共存曲線の傾き）を，1粒子当たりのエントロピーと1粒子当たりの体積で表す式である。この式を (4) のように書き直したものをクラペイロン・クラウジウスの式と呼ぶ。L は相1から相2への1粒子当たりの潜熱（転移熱）という。

●飽和蒸気圧

閉じた容器内に液体を適量入れておく。液体の一部は，気化して気体（蒸気）となっているのが普通である。液体からの気化と気体からの液化が平衡になっていて，蒸気が最大限に含まれているときの蒸気の圧力（分圧）を飽和蒸気圧という。一般に飽和蒸気圧は温度が高いほど大きい。

理想気体の場合，クラペイロン・クラウジウスの式から，蒸気圧は (5) のような温度依存性を持つことが導かれる。共存曲線上では液体の圧力と気体の圧力は等しいことに注意しよう。

●キルヒホッフの公式

潜熱 L の温度依存性を調べよう。まず，共存曲線上で，2相の（1粒子当たりの）エントロピー差を温度で微分する (6)。1粒子当たりの定圧比熱は (7) と書けることと，またマクスウェルの関係 (8) を代入し，クラペイロン・クラウジウスの式を使って，(9) を得る。

相2が気相（相1は液相または固相）の場合を考えると2相の体積は気相の体積と見なせる (10)。さらに理想気体で近似すると (11)(12) から，潜熱の温度変化を表す，キルヒホッフの公式 (12) を得る。潜熱については，次節で詳しく取り扱う。

クラペイロン・クラウジウスの式

$$\mu_1(T, p) = \mu_2(T, p) \tag{1}$$

$$\frac{\partial \mu_1}{\partial T} + \frac{\partial \mu_1}{\partial p} \cdot \frac{dp}{dT} = \frac{\partial \mu_2}{\partial T} + \frac{\partial \mu_2}{\partial p} \cdot \frac{dp}{dT} \tag{2}$$

$$s_2 - s_1 = (v_2 - v_1)\frac{dp}{dT} \tag{3}$$

$$\boxed{\text{クラペイロン・クラウジウスの公式：} \frac{dp}{dT} = \frac{L}{T \Delta v}} \tag{4}$$

$L = T(s_2 - s_1) = T\Delta S$
$\Delta v = v_2 - v_1, \quad \Delta s = (s_2 - s_1)$

飽和蒸気圧

液体 (1) から気体 (2) への変化は $\Delta v \fallingdotseq v_2$ と近似でき，理想気体では $pv = kT$ なので

$$\frac{dp}{dT} = \left(\frac{L}{kT^2}\right)p$$

$$\frac{p}{p_0} = \exp\left(-\frac{L}{kT}\right) \tag{5}$$

キルヒホッフの公式

$$\frac{d\Delta s}{dT} = \left(\frac{\partial \Delta s}{\partial T}\right)_p + \left(\frac{\partial \Delta s}{\partial p}\right)_T \frac{dp}{dT} \tag{6}$$

$$\text{定圧比熱}：c_p = T\left(\frac{\partial s}{\partial T}\right)_p \tag{7}$$

$$\left(\frac{\partial s}{\partial p}\right)_T = -\left(\frac{\partial v}{\partial T}\right)_p \tag{8}$$

$$\frac{dL}{dT} = \frac{d(T\Delta s)}{dT} = \frac{L}{T} + \Delta c_p - \frac{L}{\Delta v}\left(\frac{\partial \Delta v}{\partial T}\right)_p \tag{9}$$

ここで，$\Delta c_p = c_{p1} - c_{p2}$
相 2 が気相… $\Delta v \fallingdotseq v_2$ \hfill (10)

$$\frac{L}{\Delta v}\left(\frac{\partial \Delta v}{\partial T}\right)_p \fallingdotseq \frac{L}{v_2}\left(\frac{\partial v_2}{\partial T}\right)_p = L\alpha_{p2} \tag{11}$$

さらに，理想気体で近似 $pv_2 = kT$ を使うと

$$\alpha_{p2} = \frac{1}{T} \quad \text{：体膨張率} \tag{12}$$

$$\frac{dL}{dT} = \Delta c_p \quad \text{：キルヒホッフの公式} \tag{13}$$

第3節 相転移

相のtn目は化学ポテンシャルの繋ぎ目。

●定圧の場合の化学ポテンシャル

圧力一定のときの相の化学ポテンシャルの様子を見よう。

1粒子当たりの定圧比熱は（1）と書け，一般に正である。sは1粒子当たりのエントロピーであり，$s>0$である（2）。これらと，前に見た（3）を使えば，（4）（5）であることが分かる。すなわち，圧力一定のもとでは，温度の関数としての化学ポテンシャルは，上に凸の単調減少関数である。

2つの相（L相，H相としよう）について，ある圧力でのそれぞれの化学ポテンシャルを描いてみる（図）。化学ポテンシャルは1粒子当たりのギブスの自由エネルギーであり，平衡状態ではギブスの自由エネルギーが最小であるから，低温側ではL相，高温側ではH相が安定に存在する。2相共存状態では化学ポテンシャルが等しいので，図の曲線の交点の温度T_{pt}が，2相共存の温度である。図を見ると，曲線の勾配の絶対値は，この温度ではH相のものの方が大きいから，（3）より，エントロピーの差は（6）のようになる。

●相転移

圧力一定で温度を上げていくと，温度T_{pt}で，L相からH相に変化する。このような相の変化を相転移という。このとき1粒子当たりのエントロピーはΔsだけ変化することになる。この際に1粒子当たりで$T_{pt}\Delta s$の熱の変化があるが$\Delta s>0$だから，これは外からの熱の吸収を意味する。相転移に伴うこのような熱を潜熱という。温度を下げていくときは，逆に，潜熱が放出される。潜熱の吸収・放出を伴う相転移を1次相転移と呼ぶ。

熱を与えても温度が変わらないことは，湯を沸かす際に経験していよう。与えた熱はエントロピー変化に費やされ，温度は変化しない…熱はあたかもひそんでいるようなので，潜熱と呼ばれる。潜熱はブラック（イギリス）によって発見された。

一方，潜熱を伴わない連続的な相転移を2次の相転移という。超伝導体が，常伝導相から超伝導相に転移するときなどは2次の相転移である。

定圧の場合の化学ポテンシャル

$$c_p = T\left(\frac{\partial s}{\partial T}\right)_p > 0 \tag{1}$$

$$s > 0 \tag{2}$$

$$s = -\left(\frac{\partial \mu}{\partial T}\right)_p \tag{3}$$

$$\left(\frac{\partial \mu}{\partial T}\right)_p < 0 \tag{4}$$

$$\left(\frac{\partial^2 \mu}{\partial T^2}\right)_p < 0 \tag{5}$$

$$\Delta s = s_H - s_L > 0 \tag{6}$$

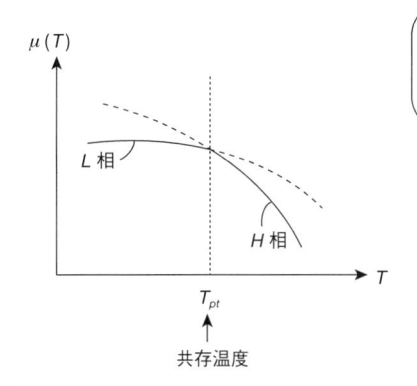

実現するのはギブス自由エネルギー，すなわち μ の小さい方

相転移

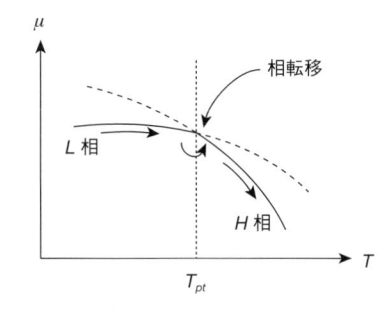

μ の傾きの「とび」に比例した潜熱がある！

●等温の場合の化学ポテンシャル

等温圧縮率は一般に正である（7）。このことから，上の議論と同様に，圧力の関数としての化学ポテンシャルは図のように，上に凸の単調増加関数である。同様の議論で，相転移の起きる圧力においては，1粒子当たりの体積は，低圧相におけるものの方が高圧相のものよりも大きい。圧力を上げていくと，相転移の圧力において，1粒子当たりの体積が減少する。

COLUMN

2次相転移では，エントロピーの値に飛びがない，すなわち $\Delta s = 0$ である。もし Δs がゼロならば，dp/dT がゼロでない限り，$\Delta v = 0$ である。

また，2次相転移では，s は連続であるが，s を温度で微分したものは連続ではないから，比熱は相転移点の両側で不連続，すなわち比熱の値に飛びが生じる。

●エーレンフェストの関係式

2次相転移点での定圧比熱の飛びは，体膨張率の飛び，等温圧縮率の飛びで表すことができる。

相転移点の近くで，温度で微分したものの差を考える（11）（12）。この2式と（13）（14）（15）を用いると（16）あるいは（17）が導かれる。これをエーレンフェストの関係式という。

等温の場合の化学ポテンシャル

$$-\left(\frac{\partial v}{\partial p}\right)_T > 0 \tag{7}$$

$$v > 0 \tag{8}$$

$$v = \left(\frac{\partial \mu}{\partial p}\right)_T \quad \text{より} \tag{9}$$

$$\left(\frac{\partial \mu}{\partial p}\right)_T > 0, \quad \left(\frac{\partial^2 \mu}{\partial p^2}\right)_T < 0 \tag{10}$$

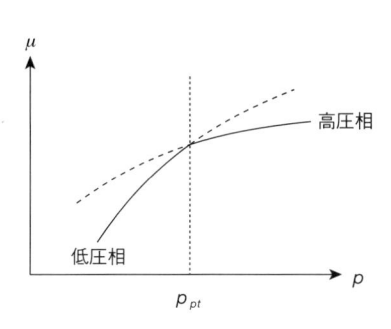

（図：化学ポテンシャル μ と圧力 p の関係。低圧相と高圧相が p_{pt} で交差）

エーレンフェストの関係式

$$\left(\frac{\partial \Delta s}{\partial T}\right)_p + \left(\frac{\partial \Delta s}{\partial p}\right)_T \frac{dp}{dT} = 0 \tag{11}$$

$$\left(\frac{\partial \Delta v}{\partial T}\right)_p + \left(\frac{\partial \Delta v}{\partial p}\right)_T \frac{dp}{dT} = 0 \tag{12}$$

$$\left(\frac{\partial s}{\partial p}\right)_T = -\left(\frac{\partial v}{\partial T}\right)_p \tag{13}$$

体膨張率： $\alpha_p = \frac{1}{v}\left(\frac{\partial v}{\partial T}\right)_p \tag{14}$

等温圧縮率： $\kappa_T = -\frac{1}{v}\left(\frac{\partial v}{\partial p}\right)_T \tag{15}$

$$\Delta c_p = Tv\frac{(\Delta \alpha_p)^2}{\Delta \kappa_T} \tag{16} \quad N \text{をかけると}$$

$$\Delta C_p = TV\frac{(\Delta \alpha_p)^2}{\Delta \kappa_T} \tag{17}$$

第4節 ギブスの相律

相律＝相についての法則。

●ギブスの相律とは何か？

ギブスの相律とは，次のようなものだ。
（自由度）＝（成分数）−（相の数）＋2。

自由度というのは，温度や圧力などの状態変数のうち自由に変化できる変数の数のことである。自由度1ならば，たとえば温度を決めると他の変数は自動的に決まってしまう。成分数というのは混合物の中の物質の種類の数である。たとえば食塩水ならば水と塩の2つとなる。まず例で示そう。

●水の自由度

水を考える。ミクロに見れば H_2O 分子の集合体である。これしか考えないのだから，成分数は1。したがって自由度は，相の数によって決まる。

①相の数が1のとき。考えているシステムが単一の相であることである。水では，液体の水（液相），氷（固相），水蒸気（気相）の場合があるが，システム全体が，そのうちのある1つの相にあるときである。このとき自由度は2。たとえば，水蒸気で，温度と圧力が異なる状態が存在する…など。

②相の数が2のとき。考えているシステムは，2つの相の共存状態である。このとき，自由度は1。相図でいえば，相の境界線（2相共存曲線）に当たる。たとえば圧力を決めれば，温度が決まる。

③相の数が3のとき。自由度はゼロである。水でいえば三重点。圧力，温度とも決まった値である（この温度を273.16Kとして，温度目盛りを定めるジオークの温度尺度は，1954年より広く採用されるようになった）。

COLUMN

ここでもギブスの名前がでてきたが，ギブスは1839年にアメリカで生まれた。日本でいえば江戸時代末期である。エール大学ではラテン語と数学でとくに優秀な成績を修め，表彰されている。ギブスは熱力学のみならず，ベクトル解析の分野でも大きな貢献をしている。

ギブスの相律

ギブスの相律
$f = n - m + 2$

f：自由度
n：成分数
m：相の数

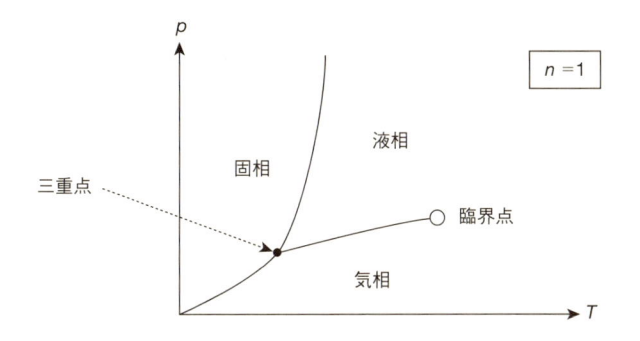

$n = 1$

(図：p-T図。固相、液相、気相、三重点、臨界点)

$n = 1$ のとき
 $f = 3 - m$
 ① $m = 1$（1相）　$f = 2$　p-T図の上の任意の点
 ② $m = 2$（2相）　$f = 1$　p-T図の上の曲線（共存曲線）
 ③ $m = 3$（3相）　$f = 0$　p-T図の上のただ一点（三重点）

$n = 2$ のとき
 $f = 4 - m$
 ① $m = 1$（1相）　$f = 3$
 ② $m = 2$（2相）　$f = 2$
 ③ $m = 3$（3相）　$f = 1$
 ④ $m = 4$（4相）　$f = 0$

$n = 2$ のそれぞれの場合を想像できるかな？

●相律の導出

　さて，相律の導出である。n 種の成分がある場合（誤解を恐れずいえば，つまりは n 種類の物質の混合物），成分の含有率で状態は規定される。1 つ目の成分の量を基準とすると，残りの $n-1$ 個はパーセンテージで表されるので，含有率の自由度は $n-1$ である。

　次にそのような「混合物」に相が m 種あるとする。各相の中に $n-1$ 個の自由度があるから，単純に掛ければ $(m \times (n-1))$ 個の自由度になる。

　さて，忘れてならないのが，変えられる変数の数。熱力学では，2 つの独立な変数がとれることは，もう，身に染みついてきたであろうか。たとえば，温度と圧力など。

　以上から，

　（自由度）＝（成分数 -1）×（相の数）$+2$ ＝$m(n-1)+2$

である。いや，実はこれは間違っている。平衡条件を考慮して，その数を引かないといけない。

　1 つの成分に注目する。相の境界では，化学ポテンシャルがその両相で等しくなるという条件がある。条件の数は $m-1$ 個。たとえば，3 相共存では，$\mu_1 = \mu_2$，$\mu_2 = \mu_3$ の 2 つの条件で，$\mu_1 = \mu_2 = \mu_3$，ということになる。

　各成分についてこうだから，全体で (相の数 -1)× 成分数 ＝$n(m-1)$ 個の条件がある。

　条件の縛りがついた分だけ，自由度は減るから，真の自由度は

　（自由度）＝（成分数 -1）×（相の数）$+2-$（相の数-1）×（成分数）
　　　　　＝$n-m+2$ だ。

COLUMN

　右は水の相図である。フツーの物質とどこが違うか？

相律の導出

（左ページに式が多くてごめんね）

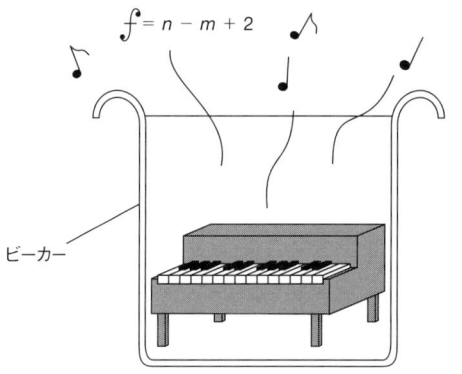

$$f = n - m + 2$$

ビーカー

物質の状態は見事な相律を奏でる

こらむ

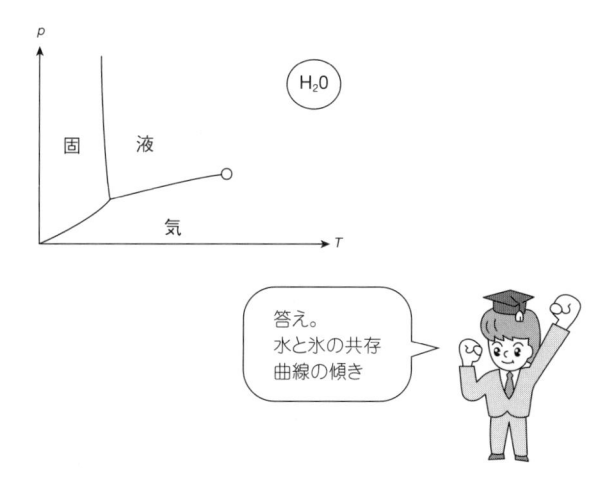

H₂O

固 / 液 / 気

答え。
水と氷の共存
曲線の傾き

第4節★ギブスの相律

第5節 状態方程式と臨界点

臨界点と相の関係。

●**臨界温度**

気体は，冷却や圧縮を続けると液化する。しかし，ある温度以上では，どんなに圧縮しても液化しないという現象が知られている。この温度を臨界温度という。

●**状態方程式から臨界値を求める**

臨界温度をファンデルワールス気体で考察する。状態方程式は（1）である。前に出てきたのとは少し変えてある。

等温線を p-v 図上に描いたとき，ある温度以下では，単調減少のグラフではなくなり，極値を2つ持つようになる。その境目の温度では，ある v の値のときにグラフは接線の傾きゼロ，かつ変曲点になる。式で書くと，ある v で（2）（3）が同時に成り立つ。

これを解くと（4），（5），（6）が求まる。添え字 c を付けたこれらの値は，（それぞれの変数の）臨界値と呼ばれる。

●**臨界点と相**

温度の臨界値，つまり臨界温度以下では，等温線のグラフには p-v 図上で正の傾きを持つ部分がある。これは負の等温圧縮率を意味し（圧力を増やすと膨張する！），熱力学ではあり得ないことである。

このような部分を合理的に解釈するためには，その領域を圧力一定の気相・液相の2相共存状態と考え，それより高圧（小さい体積）では液体になっているとする。

その反対に，臨界温度以上では，等温線は連続した1つの相（気体）を表していると考えて良い。温度などが臨界値をとる点を臨界点という。

ところで，臨界値を元に補正した変数（7）（8）（9）を用いて状態方程式を作ると，a や b などを含まない形にすることができる（10）。一般に，少なくとも臨界点の近くで，物質が普遍的な振る舞いをすることはよくあること。

臨界温度とは何か？

ファンデルワールスの状態方程式

$$\left(p + \frac{a}{v^2}\right)(v - b) = kT \tag{1}$$

$$v = \frac{V}{N_A}, \quad k = \frac{R}{N_A}$$

> aとbの定義は以前とは変えてあるヨ

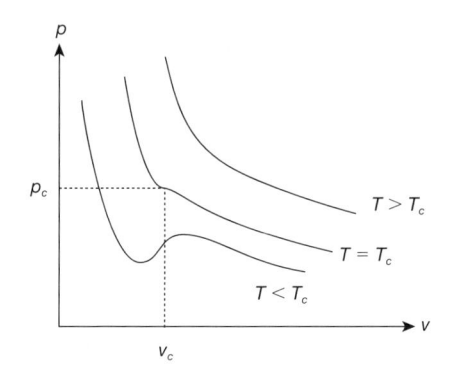

$$\left(\frac{\partial p}{\partial v}\right)_{T=T_c} = 0 \tag{2}$$

$$\left(\frac{\partial^2 p}{\partial v^2}\right)_{T=T_c} = 0 \tag{3}$$

$$kT_c = \frac{8a}{27b} \tag{4}$$

$$p_c = \frac{a}{27b^2} \tag{5}$$

$$v_c = 3b \tag{6}$$

臨界点と相

$$T^* = \frac{T}{T_c} \tag{7}$$

$$p^* = \frac{p}{p_c} \tag{8}$$

$$v^* = \frac{v}{v_c} \tag{9}$$

$$\left(p^* + \frac{3}{v^{*2}}\right)(3v^* - 1) = 8T^* \tag{10}$$

> 他の一般の状態方程式においても，普遍な形にすることができるのデス

第6節 マクスウェルの等面積則

相が共存するとき化学ポテンシャルが等しい（念押し）。

● **共存状態と自由エネルギー**

前節で、ファンデルワールス気体の等温曲線で相の共存状態について述べたが、詳しく見てみよう。

気相・液相の共存状態では、両相の化学ポテンシャル（= 1粒子当たりのギブスの自由エネルギー）は等しい(1)。添え字 G は気相（Gas）, L は液相（Liquid）を表す。ギブスの自由エネルギーはヘルムホルツの自由エネルギーで表せる(2)ので、(3) がいえる。ここでは1粒子当たりの話をしている。p_c は共存状態の圧力（飽和蒸気圧）である。共存状態では、温度 T が定まっていれば圧力も1つに定まることを思い出そう。

さてそもそも、(4) のように圧力はヘルムホルツの自由エネルギーから求められ、気相と液相で同じ値である。(3)(4) が同時に成り立つということは、右ページ図のように、f-v 図において共通接線が書けるということを意味する。傾きが等しい = 圧力が等しいということである。

● **マクスウェルの等面積則**

さて、等温曲線上では (5) であることに注意すると、(6) のように書ける。ここで $p(v)$ は状態方程式で与えられる圧力である。(3) と (6) から、(7) となるが、これからわかることは、図でいえば、v_L と v_G で挟まれたところの、等温線の下の面積と共存圧力 p_c の下の面積が等しくなるということになる。つまりは、図中の（+）の所の面積と、（−）の所の面積が等しいということで、このことをマクスウェルの等面積則と呼ぶ。

COLUMN

v_L と v_G で挟まれたところでも、等温圧縮率が正で、熱力学的には安定な状態がある。すなわち、2相共存の方がより安定ではあるが、準安定状態が存在するということ。

共存状態と自由エネルギー

$\mu_G = \mu_L$ (1)

$\mu = f + pv$ (2)

$f_G - f_L + p_c(v_G - v_L) = 0$ (3)

$\left(\dfrac{\partial f}{\partial v}\right)_{T,v_G} = \left(\dfrac{\partial f}{\partial v}\right)_{T,v_L} = -p_c$ (4)

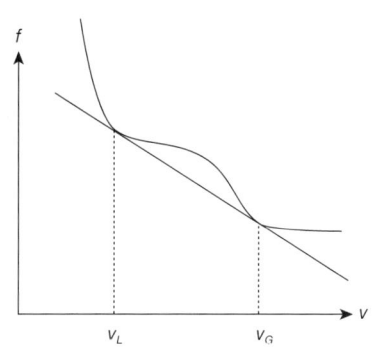

マクスウェルの等面積則

$df = -pdv$ (5)

$f_G - f_L + \displaystyle\int_{v_L}^{v_G} p(v)dv = 0$ (6)

$p_c(v_G - v_L) = \displaystyle\int_{v_L}^{v_G} p(v)dv$ (7)

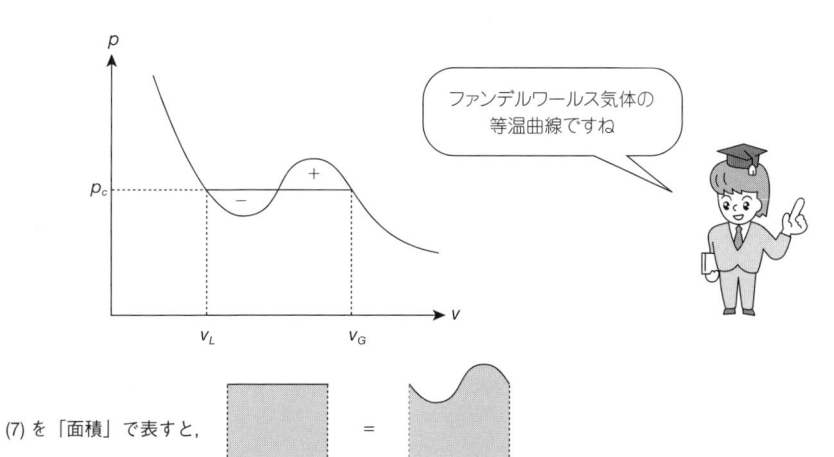

ファンデルワールス気体の等温曲線ですね

(7) を「面積」で表すと，

第5部
熱力学のその先へ

CHAPTER 9 ▶▶▶ その他の話題

第1節 熱力学第3法則

絶対零度の極限ではエントロピーはゼロ。

● **熱力学第3法則**

エントロピーは絶対温度ゼロ（0K）の極限において，0に近づく。これが熱力学の第3法則である。ネルンスト・プランクの熱定理とも呼ばれる。

古典的な分子運動論的に考えれば，温度ゼロでは分子の「平均」運動エネルギーもゼロ，まさに運動のない凍り付いた世界というイメージがわいてくる。絶対零度では完全な秩序状態になる…エントロピーと秩序の関係については後述する。

● **熱力学第3法則のココロ**

絶対温度ゼロ極限で，比熱も0に近づく。熱力学第3法則の本当のココロは，量子力学，統計力学の概念を使って，理解することができる。なぜかといえば，4章第5節でみたように，不可逆変化に限れば，エントロピーは位置エネルギーのようなものであるから，いままでの議論だけからでは絶対的基準となる値を選びようがないのである。

さて，第3法則は温度とエントロピーの極限の関係のみ与えるから，言外に，他の変数はどう振る舞っても良い，と主張する。したがってエントロピーのどんな偏微分も温度ゼロの極限ではゼロ。この考え方から，比熱，圧力係数，体膨張率などは，絶対零度の極限ではゼロになることがわかる。

COLUMN

ネルンスト（ドイツ，1864-1941）は，1906年に熱力学第3法則を提唱，1920年ノーベル化学賞受賞。

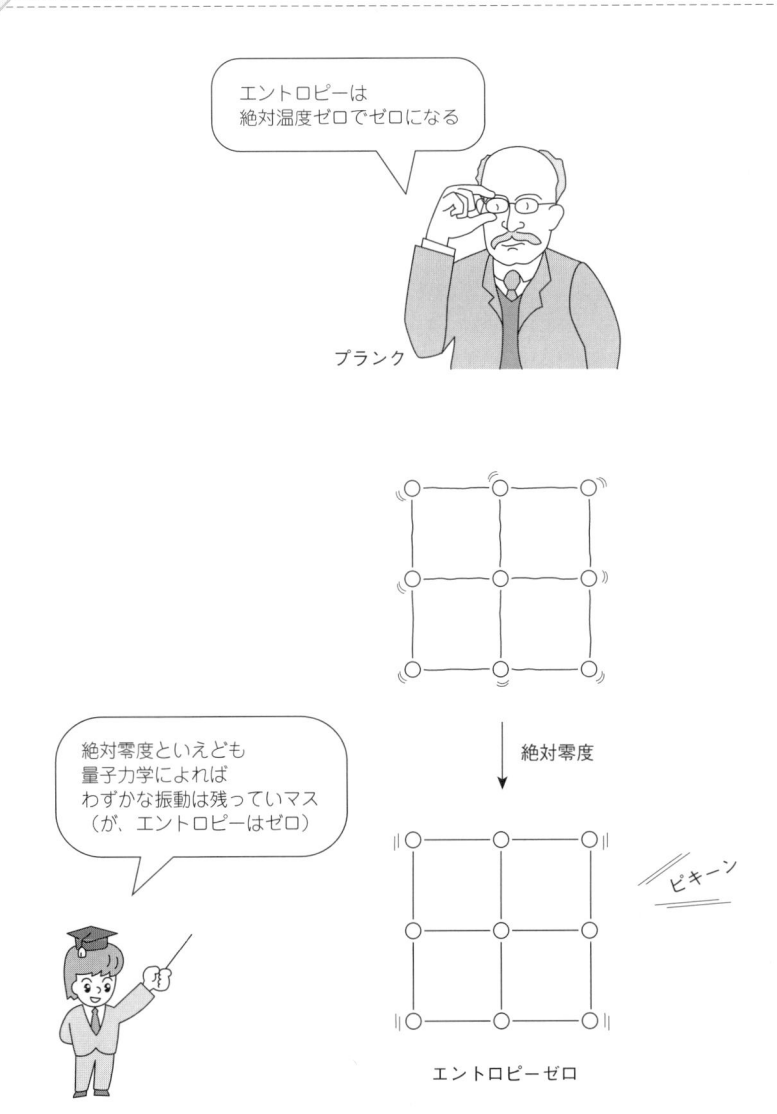

熱力学第3法則

> エントロピーは
> 絶対温度ゼロでゼロになる

プランク

↓絶対零度

ピキーン

エントロピーゼロ

> 絶対零度といえども
> 量子力学によれば
> わずかな振動は残っていマス
> （が、エントロピーはゼロ）

第2節 光子気体

光にも気体のような性質がある。

●光の圧力

　気体の分子運動論と同様に，光子の気体を考える。量子論によれば光は光子という粒子でもあり，運動量を持っているので壁に圧力を及ぼす。結論をいうと，圧力はエネルギー密度（単位体積当たりのエネルギー）の1/3であることが導出される（1）。正しくは，量子統計力学が必要であるが，これが正しい答えであることを述べるにとどめておく。2章第5節で見た理想気体では，圧力はエネルギー密度の2/3であり，ここが光子気体と異なる。

　さて，内部エネルギーを（2）の形に仮定し，以前に導出した式（3）を用いると，(4)(5)より，エネルギー密度は温度の4乗に比例することがわかる（6）。比例定数 a は，ここでは決めることはできないが，量子統計力学によれば（7）であることがわかる（この値は，シュテファン・ボルツマンの法則の係数と簡単な関係にある）。

●光のエントロピー

　光のエントロピーは，以前にでたマクスウェル関係式（8）を用いれば求めることができる。エントロピーが体積に比例していると仮定すれば（9），(10)となってエントロピーは（11）となる。断熱変化では，エントロピーは一定であるから，$T^3V =$ 一定となる。一辺が長さ L の立方体の箱を考え，それが光子気体で満たされているとする。すべての辺が変化すると考えると，温度は一辺の長さに反比例する（$LT =$ 一定）。

COLUMN

　光子は自由に生成消滅が可能であるから，状態変数として粒子数をとることができず，また，$\mu = 0$ である。したがって圧力と温度は独立ではない。無理に言えば $c_p =$ 無限大なのだ。

光の圧力

$$p = \frac{1}{3}\frac{U}{V} \tag{1}$$

$U = u(T)V$ と仮定 $\tag{2}$

$$\left(\frac{\partial U}{\partial V}\right)_T = T\left(\frac{\partial p}{\partial T}\right)_V - p \tag{3}$$

$$u = \frac{1}{3}T\frac{du}{dT} - \frac{1}{3}u \tag{4}$$

$$\frac{du}{u} = 4\frac{dT}{T} \tag{5}$$

$$u(T) = aT^4 \tag{6}$$

$$a = \left(\frac{\pi^2 k^4}{15c^3\hbar^4}\right) = 7.566 \times 10^{-16}\,[\text{J/m}^3\text{K}^4] \tag{7}$$

c：光の速度

$\hbar = \dfrac{h}{2\pi}$　　h はプランク定数

光のエントロピー

$$\left(\frac{\partial p}{\partial T}\right)_V = \left(\frac{\partial S}{\partial V}\right)_T \tag{8}$$

$S = bV$ と仮定 $\tag{9}$

$$\frac{1}{3}\frac{du}{dT} = \frac{S}{V} \tag{10}$$

$$S = \frac{4}{3}aT^3V \tag{11}$$

> 夏目漱石の「三四郎」には
> 光の圧力を研究する
> 科学者が登場しマス。
> これは漱石の友人の
> 数学者寺田寅彦が
> モデルといわれていマス

第3節 ブラックホールの熱力学

ブラックホールの物理は熱力学だ！。

●ブラックホールのエントロピー

ブラックホールはご存じの通り，吸い込んだものを吐き出すことはない。だからどんどん質量は増す一方である。この一方向の変化は，エントロピー増大の法則と類似している。

ブラックホールの半径は質量に比例していることが知られている(1)。ブラックホールの表面積はこの半径を用いて(2)のように書ける。この表面積に比例した(3)を，「ブラックホールのエントロピー」としてみよう。半径でなく表面積に比例したエントロピーを導入したのは，いろいろな古典的プロセスを経ても，表面積が必ず増大することが知られているからだ。

●ブラックホールの温度

ここで「系」の「内部」エネルギーは，ブラックホールの質量エネルギーでしか考えられない(4)。アインシュタインの $E = mc^2$ を使った。ここで，熱力学第1法則(5)から，温度は(6)で与えられる。実はこれは表面の重力の強さに比例している。

さて，ブラックホールに温度が定義できてしまったわけだが，通常，熱い物体は熱放射を出す。ブラックホールもその温度に対応した放射を出すのか？この疑問に答えたのが，車椅子の科学者ホーキングである。量子力学的な考察をすると，実際にこの温度に対応した熱放射が起きることを彼は示した。

放射を出したぶん，ブラックホールのエネルギー（質量）は減少するはずである。そうして，有限の時間でブラックホールは消滅する！ ただし，量子重力理論がまだきちんと確立されていないので，最終的にどうなるかの結論として確固たるものは今のところない。

ところでブラックホールの熱容量は(4)(6)を使って素直に計算すると，負になってしまう(7)。これではそもそも熱力学的議論に意味がないのでは？

確かにそうとも言える。重力のような遠距離力の働く系では，少なくとも見かけ上，「負の熱容量」が現れる。これらの系も扱えるように拡張された，熱統計力学の研究は盛んに進められている。

ブラックホールのエントロピー

これがブラックホール？

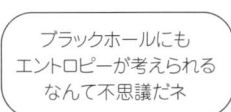

ブラックホールにもエントロピーが考えられるなんて不思議だネ

ブラックホールの半径： $r_G = \dfrac{2GM}{c^2}$ (1)

ブラックホールの表面積： $A = 4\pi r_G^2$ (2)

ブラックホールのエントロピー： $S = \dfrac{kAc^3}{4G\hbar} = 4\dfrac{k\pi GM^2}{\hbar c}$ (3)

ブラックホールの温度

ブラックホールのエネルギー： $U = Mc^2$ (4)

$dU = TdS$ 　（真空では $d'W = 0$） (5)

$\longrightarrow \quad T = \dfrac{dU}{dS}$

$T = \dfrac{dU}{dM} \cdot \dfrac{dM}{dS} = \dfrac{\hbar c^3}{8k\pi GM}$ 　（表面重力に比例） (6)

ブラックホールの熱容量： $\dfrac{dU}{dT} = \dfrac{dU}{dM} \cdot \dfrac{dM}{dT} \propto -M^2$ (7)

(7) でダメか？というとそうでもないというのが次節の内容

第3節★ブラックホールの熱力学

第4節 ブラックホールと放射の共存系

さらにつづけてブラックホールです。

●ブラックホールと放射の平衡

　断熱壁で覆われた箱の中に，ブラックホールと放射を閉じこめておく…もちろん思考実験である。箱の大きさは，ブラックホールの大きさに比べてはるかに大きいとする。ここでの議論では，(1) のような特殊な単位系を用いる。

　トータルのエネルギー E はブラックホールのエネルギーと放射のエネルギーの和で，定数である (2)。また，放射のエネルギー密度とエントロピー密度の関係は，第2節であたえられたものと同じとする (3)。

　前節の (3)，および (2) と (3) から，トータルのエントロピーはブラックホール質量 M の関数として表される (4)。さて，S を M で微分したものをつくると，これがゼロのとき (5) が成り立ち，エントロピーが最大になるわけだが，これはブラックホールと放射の温度が一致する平衡状態であることを意味する。なんとブラックホールと放射の共存状態があるのだ。

●箱の大きさと平衡状態

　話はこれだけでは終わらない。平衡状態は必ず実現されるのか？　つまり (5) は範囲 $0<M<E$ で成り立つか，また本当にエントロピー最大か？

　図のように，S の2次の微分係数「y」(6) によって，いろいろな場合がある。図は，いろいろな y の値のときの全エントロピー S を縦軸に表したもの。横軸は全エネルギーのうち，ブラックホールの質量エネルギーの割合（0から1）。

　y が 9.561 よりも小さいとき，エントロピー最大なのはブラックホールと放射の平衡状態。y が 9.561 よりも大きくなると，両者の平衡状態はエントロピー極大であるが，すべて放射の場合（グラフの左端）のほうが大きいエントロピーを持つ。y が $13.4458(=32\pi/5^{5/4})$ より大きいと，ブラックホールと放射の平衡状態は存在しなくなる。

　結局のところ，箱が十分大きいとき（y が大きい）は，すべて放射の状態しか存在できない。しかし実際にはブラックホールにも大きさがあり，箱をそんなに小さくした議論はだんだん意味が怪しくなってくる…しかし，「負の熱容量」をもつ物体でも平衡状態があり得ることを示す，興味深い議論である。

ブラックホールと放射の平衡

$G = c = \hbar = k = 1$ (1)

$E = M + aVT^4 =$ 一定 (2)

$S = \dfrac{4}{3}\dfrac{uV}{T}$ （放射） (3)

$S = 4\pi M^2 + \dfrac{4}{3}aV\left(\dfrac{E-M}{aV}\right)^{\frac{3}{4}}$ (4)

$\dfrac{dS}{dM} = 8\pi M - \left(\dfrac{E-M}{aV}\right)^{-\frac{1}{4}}$

$\to T = \dfrac{1}{8\pi M} \quad \left(\dfrac{dS}{dM} = 0\right)$ (5)

> この特殊な単位系では
> ブラックホールのエネルギーは
> Mになりマス。放射エネルギーは
> $u(T)V = aVT^4$
> と書けマス

箱の大きさと平衡状態

$y \equiv \dfrac{(aV)^{\frac{1}{4}}}{E^{\frac{5}{4}}}$ (6)

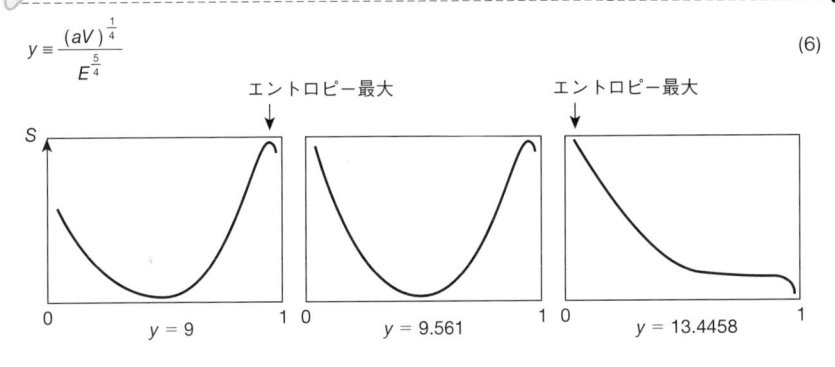

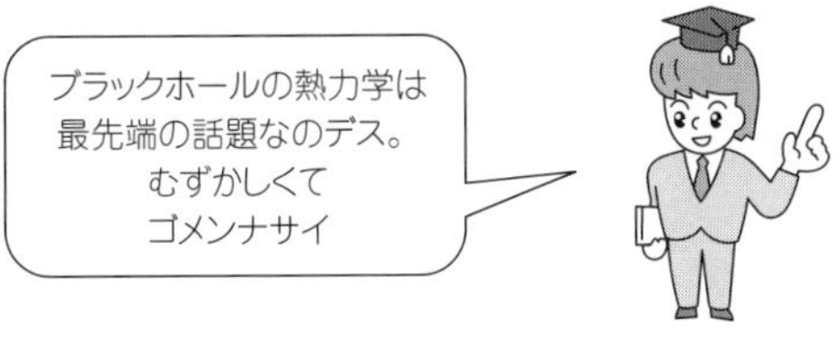

エントロピー最大　　　　　エントロピー最大

$y = 9$　　　$y = 9.561$　　　$y = 13.4458$

> ブラックホールの熱力学は
> 最先端の話題なのデス。
> むずかしくて
> ゴメンナサイ

CHAPTER 10 ▶▶▶ 熱力学から統計力学へ

第1節 ギブスのパラドクス

エントロピーに関する矛盾。

●ギブスのパラドクス

前に（1モルの）理想気体のエントロピーの変化量を求めた（1）。今度は体積の変化のみに注目しよう（つまり，断熱自由膨張）。体積が始めの2倍になれば，（1）よりエントロピーは $R\log 2$ だけ増加する。不可逆変化なら，エントロピーは増大するから，このこと自体は問題がないが，次のような実験を考えるとおかしなことになる。

同じ体積の部屋Aと部屋Bにそれぞれ1モルの理想気体を入れる。隔壁をそっと取ってみる。これらの気体が，別種の分子であれば，$2R\log 2$ だけエントロピーが増える。しかし，同種の気体だとすると…変だな？　何も変わってないように見えるのに，エントロピーが増える？

もっと一般には，（2）の成り立つとき，つまり濃度が等しいときでも，隔壁を取り除くと（3）のエントロピー増加が現れる。これを混合のエントロピーという。

同一気体を混合させてもエントロピーは増えるのか？というのがギブスのパラドクス。これの解決は，結局のところ，「同種粒子は区別できない」という量子力学的というか素粒子物理学的な根本原理から考えていく他はない。

COLUMN

パラドクス（逆理，逆説）とは，一見筋の通った推論の積み重ねが明白な矛盾を導くこと。

物理の分野では，「双子のパラドクス」（相対論），「オルバースのパラドクス」（宇宙論）が有名かな。

ギブスのパラドクス

理想気体 1 モルのエントロピー： $S(V_B) - S(V_A) = R \log\left(\dfrac{V_B}{V_A}\right)$ (1)
（温度一定のとき）

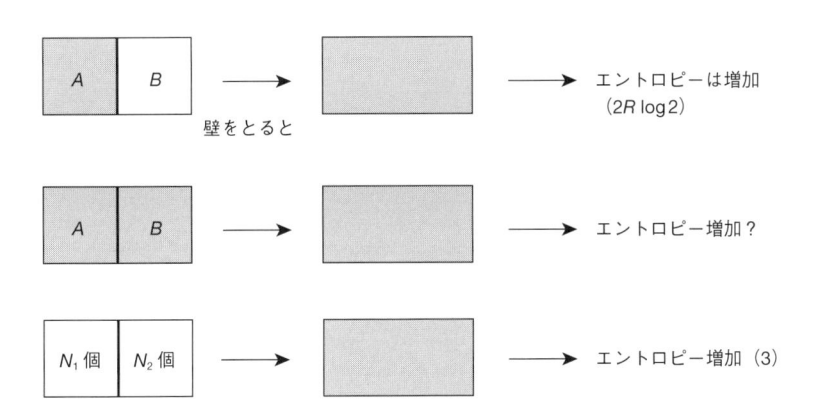

A | B → 壁をとると → □ → エントロピーは増加 ($2R\log 2$)

A | B → □ → エントロピー増加？

N_1 個 | N_2 個 → □ → エントロピー増加 (3)

$$\dfrac{N_1}{V_1} = \dfrac{N_2}{V_2} \tag{2}$$

$$\Delta S = N_1 k \log \dfrac{V_1 + V_2}{V_1} + N_2 k \log \dfrac{V_1 + V_2}{V_2} \tag{3}$$

> 本当の答えとしては，同種の分子を混ぜてもエントロピーは増えません。このパラドクスの原因は粒子の数の取り扱いにあります。次節以降で見ていきマス

第2節 ミクロな視点から見たエントロピーの起源

エントロピーは統計的なものである。

●状態数

一転してミクロな分子について考える。

分子はいくつかの限られたエネルギー状態をとるものとしよう。それらに番号付けをし，i 番目の状態は E_i のエネルギーを持ち，N_i 個の分子がその状態にあるとしよう。このシステム全体に含まれる分子の数を N，全エネルギーを U と表すと，(1)(2) のようになる。

さて，エネルギーの分布の仕方にはいろいろ考えられる。1 から N までのラベルのついた N 個の分子を各状態に振り分ける「場合の数 W」を考えてみよう。これを状態数という。これは組み合わせの公式から (3) となる。分子の数が非常に大きいので，スターリングの公式を使うと，最終的に (4) のように書き直せる。

このあたりは，状態の種類（準位）が2つしか無いときを考えるとわかりやすい。

●分子の分布

実際分子はどんなエネルギー分布なのか？ やはり2準位の場合で考えてみよう。簡単のため，2つの準位のエネルギーは同じとしよう。そうするとすべての分布状態は，ある瞬間では，すべて等しい「確率」で現れる。

今，分子の数は膨大であるとしているので，2個の準位に「ほぼ」等しい数の分子が入っている確率が，他に比べて，非常に高い（場合の数が多い）ことになる。極端な場合，片方にすべての分子が属している確率は，$1/2^N$ で，N がたとえばアボガドロ数程度であることを思うと，この状態はほとんど観測される見込みはない。

したがって，現実的に観測される分子の分布は，状態の数が最大のものと思って良い。ただし一般の場合には，全粒子数と全エネルギーはある値であるとした条件付きでである。

状態数

$$N = N_1 + N_2 + \cdots + N_n = \sum_i^n N_i \tag{1}$$

$$U = N_1 E_1 + N_2 E_2 + \cdots + N_n E_n = \sum_i^n N_i E_i \tag{2}$$

$$W = \frac{N!}{N_1! N_2! \cdots N_n!} \tag{3}$$

$$\log W = \log N! - \sum_i^n \log N_i!$$
$$= N \log N - N - \sum_i^n (N_i \log N_i - N_i) \tag{4}$$

スターリングの公式（大きい n について，$\log n! \fallingdotseq n \log n - n$）を使った。

> N 個の分子を N_1 個，N_2 個，$\cdots$，N_n 個に分けるときの場合の数が W デス

分子の分布

$n = 2$ のとき
$$W_2 = \frac{N}{N_1! N_2!}$$

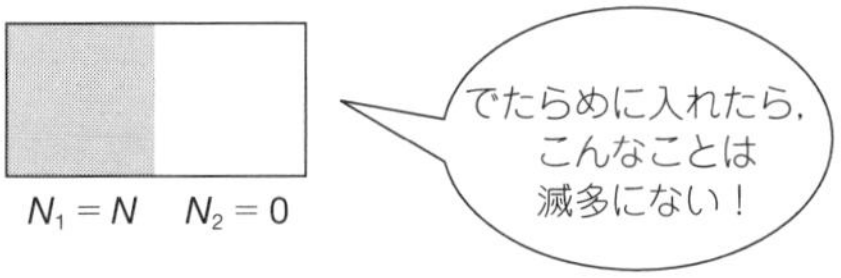

> でたらめに入れたら，こんなことは滅多にない！

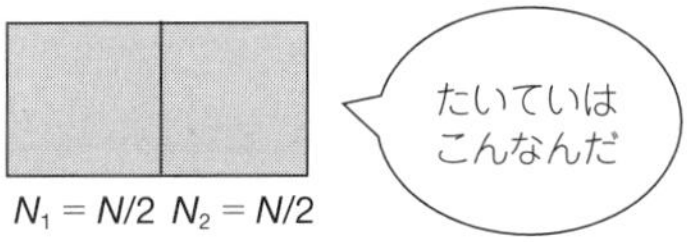

$N_1 = N \quad N_2 = 0$

> たいていはこんなんだ

$N_1 = N/2 \quad N_2 = N/2$

右に n 個（左に $(N-n)$ 個）入っている確率 $= {}_N C_n \left(\frac{1}{2}\right)^N$

> $\sum_{n=0}^{N} {}_N C_n = 2^N$
> ダ！

> n が $N/2$ のとき確率は最大．しかも N が巨大なときは n が $N/2$ よりずれていると確率はほとんどゼロ

●エントロピー登場

　状態の数が最大のものが実現されると思うと，N_i を微小に動かしても W の最大付近ではほとんど変わらないということから，(4) である。さらに条件 (1) (2) から (5) (6) である。これらがすべて満たされるのであるから，未定定数 α，β を用いると (7) が成り立つ。これの中身を書き直せば，(8) のようにおのおのの N_i の変化分の和で表される。これが成り立つには，各 i について (9) が成り立たなくてはならない…というわけで (10) がわかった。

　さて，未定係数は全粒子数，全エネルギーから決める。α だけ消去するのは簡単で，(11) のようになる。

　ここで (12) のように Z を定義する。Z を使って (11) を書き直すには，β による Z の微分を使えばよい (13)。この式って意味ありげだね。内部エネルギーが何かの微分で表す式って，何かあったような？　ここから推理してもよいのだが，もう天下り？にいうと，エントロピーは (14) なのだ！

　(3) に (10)，(12) を使うと，(15) が導かれる。(15) を β で微分すれば (16) だ。これと，(17) を比べると，β の正体が分かる（注：今考えている系では，体積とか他の変数は考えていない）。

　(18) のような同定を行えば，(15) は自由エネルギー (19) を意味していることがわかり，(13) はギブス・ヘルムホルツの式だったことがわかった。

　このように，大きな数の粒子と確率的な見方をすることにより，熱力学的関係式が次々と正しく得られることがわかる。このようにミクロな視点からマクロな振る舞いを説明する体系を，統計力学という。

　Z は統計力学で重要な量で，分配関数と呼ばれている。

●エントロピーと乱雑さ

　さて，$S = k \log W$ という式の意味を考えよう。この式によれば，状態数 W が多いほどエントロピーは大きい。状態数 W が多いということは，分子がどこかに固まっていない，つまり分子の分布が乱雑であることを意味する。つまり，身近な言葉に直せば，分子が乱雑であるほど，エントロピーが大きいということなのである。たとえば，乱雑に並んだ磁気双極子に磁界を掛けて整列させるとエントロピーは減少し，磁界を取り除くと増大する。

　すなわち，エントロピー増大とは「乱雑さの増大」なのだ！

エントロピー登場

W は最大値 $\to dW = 0 \to d\log W = 0$ (4)

$dN = 0$ (5)

$dU = 0$ (6)

$d\log W - \alpha dN - \beta dU = 0$ (7)

$\sum_i (-\log N_i - \alpha - \beta E_i) dN_i = 0$ (8)

$-\log N_i - \alpha - \beta E_i = 0$ (9)

$N_i = \exp(-\alpha - \beta E_i)$ (10)

$\dfrac{U}{N} = \dfrac{\sum_i E_i \exp(-\beta E_i)}{\sum_i \exp(-\beta E_i)}$ (11)

$Z = \sum_i \exp(-\beta E_i)$ (12)

$U = \dfrac{N \sum_i E_i \exp(-\beta E_i)}{\sum_i \exp(-\beta E_i)} = -N \dfrac{\frac{\partial Z}{\partial \beta}}{Z} = -N \dfrac{\partial \log Z}{\partial \beta}$ (13)

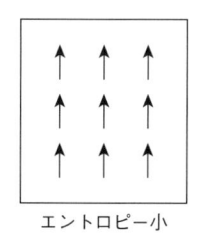

$$\boxed{S = k \log W}$$ (14)

これがエントロピーデス

$\log W = N \log Z + \beta U$ (15)

$\dfrac{\partial S}{\partial \beta} = k\beta \dfrac{\partial U}{\partial \beta}$ (16)

$\dfrac{\partial U}{\partial T} = T \dfrac{\partial S}{\partial T}$ (17)

$\beta = \dfrac{1}{kT}$ (18)

$F = -NkT \log Z$ (19)

エントロピーの乱雑さ

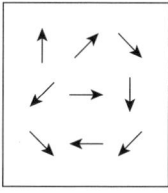

エントロピー大　　エントロピー小

磁界を掛けると，エントロピー減少
（6章第6節）

第2節★ミクロな視点から見たエントロピーの起源

CHAPTER 11 ▶▶▶ 量子統計力学への道

第1節 マクスウェル・ボルツマン統計

……粒子の状態数を数える。

●エネルギーの縮退

エネルギーに縮退のある場合に,再びエントロピーを計算してみよう。縮退とは,同じエネルギーを持つ状態が複数あること。ここでは,エネルギー E_i を持つ状態が g_i 個あるとする。

●状態数を数える

全粒子数 N のうち,まずエネルギー E_1 状態に N_1 個入れるとする。N 個から N_1 個選ぶ場合の数は,${}_N C_{N_1}$ であり,N_1 個の粒子1個につきそれぞれ g_1 通りの状態の取り方がある。したがって,ここまでで ${}_N C_{N_1} g_1^{N_1}$ 通りの状態数が得られる。E_2 状態への入れ方は ${}_{N-N_1} C_{N_2} g_2^{N_2}$,$E_3$ 状態への入れ方は ${}_{N-N_1-N_2} C_{N_3} g_3^{N_3}$,…なので,全状態数 W はこれらの状態数の積で表され,途中の計算は省くが,(1),および (2)(3),のようになる。

●エントロピーを求める

積の形にしたので,前と同様の計算は簡単に書ける。すなわち対数をとったものは,i ごとの和で書けるから,i 番目についてはスターリングの公式を使って (4) のようになり,N_i による微分により,(5) のようになる。10章第2節と同様に,全粒子数と全エネルギーが一定だとすると,未定定数 α, β を使って,(6) が W が最大となるための条件となる。

(5)(6) から (7) が求められる。これを (4) に代入すると,シンプルな形になる! したがって,第2節と同じように,「エントロピー」を求めると,(9) のように書ける。

状態数を数える

$$_NC_k = \frac{N!}{K!(N-K)!}$$

$$W = N! \cdot \Gamma \tag{1}$$

$$\Gamma = \Gamma_1 \cdot \Gamma_2 \cdot \Gamma_3 \cdots \tag{2}$$

$$\Gamma_i = \frac{g_i^{N_i}}{N_i!} \tag{3}$$

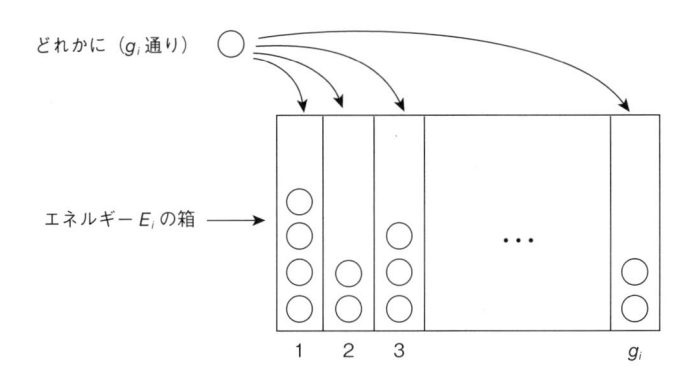

どれかに（g_i 通り）

エネルギー E_i の箱

1　2　3　　　　　g_i

エントロピーを求める

$$\log \Gamma_i \fallingdotseq N_i \log g_i - (N_i \log N_i - N_i) \tag{4}$$

$$d \log \Gamma_i \fallingdotseq (\log g_i - \log N_i) dN_i \tag{5}$$

$$d \log \Gamma_i - \alpha dN_i - \beta E_i dN_i = 0 \tag{6}$$

$$N_i = g_i \exp(-\alpha - \beta E_i) \tag{7}$$

$$\log \Gamma_i \fallingdotseq N_i (\alpha + \beta E_i) \tag{8}$$

$$S = k \log W = k \log N! + k\alpha N + k\beta U \tag{9}$$

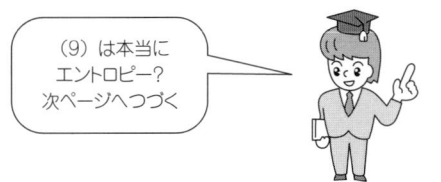

（9）は本当にエントロピー？次ページへつづく

● マクスウェル・ボルツマン統計

　7章第2節の式（8）を思い出す（ここでは体積などを考慮していないことに注意）。ここでは（10）を考えればよい。これと（9）を比べてみよう。すると，（11），（12）という対応になっていることがわかる…まてよ。第2節では余計な $k\log N!$ は考えてなかったな…。

　実は，どこが変，というか面白くないかというと，状態数の数え方がよろしくないのだ。状態数は W ではなく，$\Gamma = W/N!$ でつじつまが合う。この割っている分は何かというと，N 個の粒子は，実は全く区別が付かないものなのだ，ということから来ている。つまり N 個の粒子を一列に並べたとしたら，その場合の数は $N!$ ではなく，ただ1通りである，ということだ。だから，その重複分を消すために $N!$ で割っているのだ。

　また，こう考えることで，エントロピーの示量性が成立する。全く同じ系を持ってきたら状態の数は Γ^2 となるから，エントロピーは2倍となる（注：ちょっと雑な話だが…）。

　さて，このような勘定の仕方を，マクスウェル・ボルツマン統計という。理想気体の模型におけるマクスウェル分布は，このような考え方から理解できることは，わざわざ言うまでもないだろう…理想気体では分子同士の相互作用を無視するため，エネルギーは運動エネルギーのみなので，分子の分布は（14）のようになる。ただし，v は連続的なので，個数というより個数分布（密度）と読まなくてはならない。

COLUMN

　10章第1節のギブスのパラドクスは，（12）で解決。粒子数が N の場合のエントロピーの2倍と，粒子数が $2N$ の場合のエントロピーの差は $2Nk\log 2$ であったが，（12）の右辺第2項の補正がちょうど打ち消す。

マクスウェル・ボルツマン統計

$$U - TS - \mu N = 0 \tag{10}$$

$$\beta = \frac{1}{kT}, \quad \alpha = -\frac{\mu}{kT} = -\mu\beta \tag{11}$$

$$S = k \log W - k \log N! = k \log \frac{W}{N!} \tag{12}$$

$$\boxed{S = k \log \Gamma} \tag{13}$$

$E = \frac{1}{2}mv^2$ とすると

$$N(v) \propto \exp\left(-\frac{mv^2}{2kT}\right) \tag{14}$$

○と○は区別できない！

$e^{-\frac{E}{kT}}$ ボルツマン因子

これにはこれからもよく出会うはず

こらむ

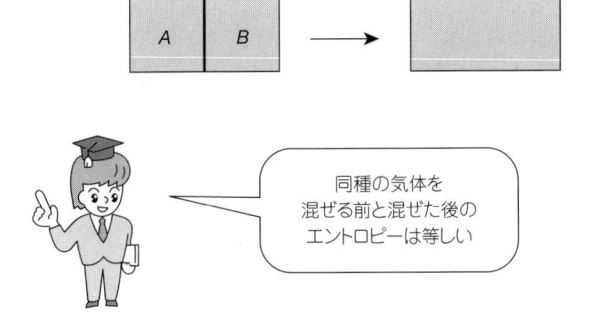

同種の気体を混ぜる前と混ぜた後のエントロピーは等しい

第2節 ボーズ・アインシュタイン統計

区別できない粒子の統計。

●完全に区別できない粒子の状態数

前節の話は，よーく考えるとだまされているような気がする。全体については確かに同種の粒子は区別できないことを最後に取り入れているが，途中計算は普通の物体のように勘定している！

ではでは，完全に区別できない粒子の状態数を考えよう。i 番目のみ考えてやればよい。N_i 個の「○」が g_i 個の箱に入っている（右頁の図）。この図は，その下の図と等価だ。g_i-1 個のしきり「｜」が連なった N_i 個の「○」の間に入っている（「｜」が2つ並んだら，その間に対応した箱の中の○はゼロ個）。この並べ方の総数は，N_i 個の「○」と g_i-1 個のしきり「｜」を同じものと見て（下図，「○」か「｜」の書いてあるカードが伏せてあると思っても良い），そのうちどれが○か？を指定するやり方の数である。すると N_i+g_i-1 個から N_i 個を選ぶ組み合わせの数なので，(1)のように与えられるだろう。

●ボーズ・アインシュタイン統計

ではここからは，以前と同様にとんとんと行く。(1)の対数をとると(2)。スターリングの公式を，N_i も g_i-1 も大きいとして使っている。g_i-1 は大きい数だから g_i とみなしても良い。このように考えて変分をとると(3)がでる。

あとは，前と同じく，全粒子数，全エネルギー（が一定）の条件を（未定定数を導入して）付けた(4)に(3)を代入して(5)を得る。結局(6)を得る。

前節と同じ β，α の意味づけをする。なんか見たことある式だ。$\alpha=0$ のときは，プランク分布という，黒体放射における光子の分布となる。光子は区別できない粒子だからである！　$\alpha=0$ というのは，$\mu=0$ ということで，自由に粒子数が変化できるという状況に対応している。このような勘定のしかたをボーズ・アインシュタイン統計という。

どこかで見て知っているとは思うが，高温では，分母の -1 に比べて指数関数部分が大きくなるため，マクスウェル・ボルツマン統計の結果にいくらでも近づいていく。光子のように，ボーズ・アインシュタイン統計に従う粒子を，ボソン（ボーズ粒子）と呼ぶ。

完全に区別できない粒子の状態数

$$\Gamma_i = \frac{(N_i + g_i - 1)!}{N_i!(g_i - 1)!} \tag{1}$$

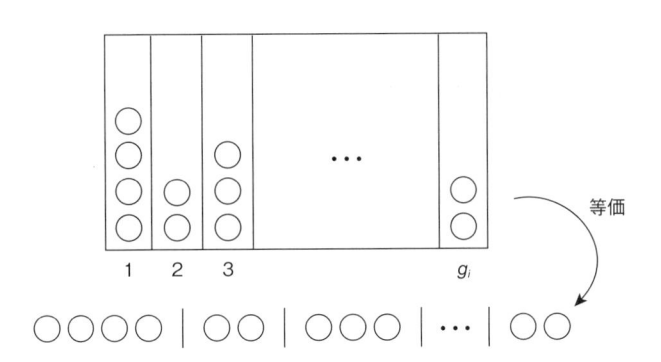

ボーズ・アインシュタイン統計

$$\log \Gamma_i \fallingdotseq (N_i + g_i - 1)\log(N_i + g_i - 1) - (N_i + g_i - 1) - (N_i \log N_i - N_i) - ((g_i - 1)\log(g_i - 1) - (g_i - 1)) \tag{2}$$

$$d\log \Gamma_i \fallingdotseq [\log(N_i + g_i - 1) - \log N_i]dN_i \fallingdotseq [\log(N_i + g_i) - \log N_i]dN_i \tag{3}$$

$$d\log \Gamma_i - \alpha dN_i - \beta E_i dN_i = 0 \tag{4}$$

$$\frac{N_i}{N_i + g_i} = \exp(-\alpha - \beta E_i) \tag{5}$$

$$N_i = \frac{g_i}{\exp(\alpha + \beta E_i) - 1} \tag{6}$$

> 高温では,
> ボーズ・アインシュタイン統計は
> マクスウェル・ボルツマン統計に
> 近づきマス

第3節 フェルミ・ディラック統計

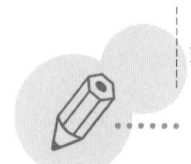

粒子が同じ状態にならない統計。

● 2つの粒子が同じ状態になれない場合

電子のようなフェルミ粒子（フェルミオン）では，2つの粒子が同じ状態にはなれない。このルールを，パウリの排他律という。この場合の状態の数は，1つの箱に○が1個入っているか，いないか，を指定する数になる。

g_i 個の箱のうち，N_i 個に○が入っている。このような配置の数は，g_i 個の中から N_i 個を取り出す組み合わせの数である。したがって（1）のようになる。前節同様に進んでいくと（(2)(3)(4)(5)），(6) のような粒子数の分布を見いだす。

このような勘定の仕方をフェルミ・ディラック統計と呼ぶ。フェルミ粒子はフェルミ・ディラック統計に従う粒子である。

高温では，やっぱりマクスウェル・ボルツマン統計の場合と同様になる。

● 場の量子論へ

前節と本節では，2種類の「区別できない粒子」について考えた。このような事情は量子力学に基づく考察によってはじめて理解できるものである。より正確に言うと，任意の粒子数を取り扱うことのできる，「場の量子論」の考え方が必須である。興味のある人はとりあえず統計力学の本を読んでみよう。

COLUMN

光子はボソン。電子はフェルミオン。一般に，スピンが整数の粒子はボソン，半奇数の粒子はフェルミオンである（『絶対わかる量子力学』参照）。
スピンと統計の関係は場の量子論を用いなければ正しく導出することができない。ムズカシイのだ。

2つの粒子が同じ状態になれない場合

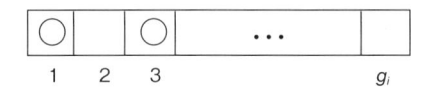

$$\Gamma_i = \frac{g_i!}{N_i!(g_i - N_i)!} \tag{1}$$

$$\log \Gamma_i \fallingdotseq g_i \log g_i - g_i - (N_i \log N_i - N_i) - ((g_i - N_i)\log(g_i - N_i)(g_i - N_i)) \tag{2}$$

$$d \log \Gamma_i \fallingdotseq [\log(g_i - N_i) - \log N_i] dN_i \tag{3}$$

$$d \log \Gamma_i - \alpha dN_i - \beta E_i dN_i = 0 \tag{4}$$

$$\frac{N_i}{g_i - N_i} = \exp(-\alpha - \beta E_i) \tag{5}$$

$$N_i = \frac{g_i}{\exp(\alpha + \beta E_i) + 1} \tag{6}$$

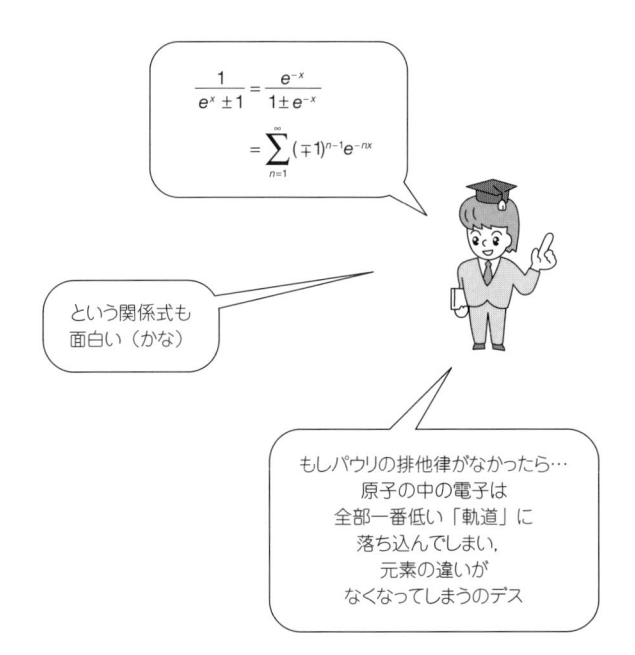

$$\frac{1}{e^x \pm 1} = \frac{e^{-x}}{1 \pm e^{-x}} = \sum_{n=1}^{\infty} (\mp 1)^{n-1} e^{-nx}$$

という関係式も面白い（かな）

もしパウリの排他律がなかったら…原子の中の電子は全部一番低い「軌道」に落ち込んでしまい，元素の違いがなくなってしまうのデス

第4節 光子とニュートリノ

ちょっと先の話です。

●光子と不確定性原理

　光子気体の場合，化学ポテンシャルは0とする。光子はボーズ・アインシュタイン統計に従うので，エネルギーEをもつ光子の個数は（1）に比例する（$\beta=1/kT$）。連続なエネルギーをとりうるので，個数についての勘定をきちんとしなければならない。

　量子論によれば，位置と運動量の間に不確定性原理（2）がある。このことから，dxとdp_xの幅の間の状態の数は，$dx \cdot dp_x/h$であると考えられる。これ以上細かい状態の指定ができたとしたら，不確定性原理と矛盾すると思って良いだろう。したがって3次元空間の場合には，（3）が位置（x, y, z），運動量（p_x, p_y, p_z）の粒子の状態の数（縮退度，縮重度）を与える。

●光子気体のエネルギー

　一方，光子1個のエネルギーは，運動量の大きさpだけで決まり，（4）である。したがって，光子気体のエネルギーを求める場合，運動量の向きについては独立に積分できる。また，位置についても積分できて，光子気体の入った体積を与える。これらのことから，（3）に対応した部分は（5）で，残りは運動量の大きさに関する積分である。したがって，光子の偏光の自由度2を忘れずに掛ければ，エネルギーの総和は（6）のようになる。積分の値（7）を用いて，温度Tにおける体積Vの光子気体の内部エネルギーは（8）で与えられることがわかる。

COLUMN

　（4）から，（9）である。また，量子論によれば，（10），そして（11）であるので，振動数νによって単位体積当たりのエネルギー分布を表すことができる（12）。これがプランク分布として前期量子論の端緒となったものである。宇宙背景輻射と呼ばれる，初期宇宙の名残の電波は，温度約2.7Kに対応したプランク分布を示すことが前世紀末の観測で確かめられている。

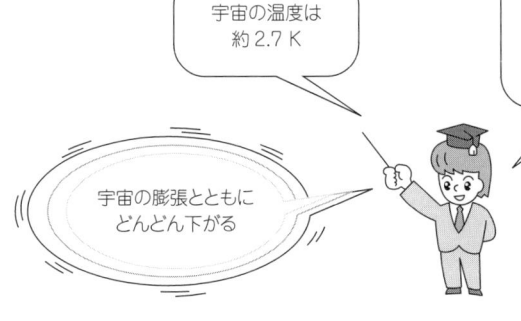

光子と不確定性原理

$$\frac{1}{e^{\beta E}-1} \tag{1}$$

不確定性原理： $\Delta x \Delta p_x \fallingdotseq h$ （h はプランク定数） (2)

$$\frac{dxdydzdp_xdp_ydp_z}{h^3} \tag{3}$$

光子気体のエネルギー

$$E = pc \tag{4}$$

c：光速

$$h^{-3}V \cdot 4\pi p^2 dp \tag{5}$$

$$2 \times \int_0^\infty \frac{4\pi Vpc}{e^{\beta pc}-1} h^{-3}p^2 dp = \frac{8\pi V}{h^3 c^3 \beta^4} \int_0^\infty \frac{t^3}{e^t-1} dt \tag{6}$$

$$\int_0^\infty \frac{t^3}{e^t-1} dt = \frac{\pi^4}{15} \tag{7}$$

$$U\,(\text{光子}) = \frac{8\pi^5}{15h^3c^3}(kT)^4 \times V = \frac{8\pi^5 k^4}{15h^3c^3}T^4 V \tag{8}$$

こらむ

$$dE = cdp \tag{9}$$

$$E = h\nu \tag{10}$$

$$dE = hd\nu \tag{11}$$

$$\frac{8\pi pc}{e^{\beta pc}-1}h^{-3}p^3 dp = \frac{8\pi h\nu}{e^{\beta h\nu}-1}c^{-3}\nu^3 d\nu \tag{12}$$

> 宇宙の温度は約 2.7 K

> 宇宙の膨張とともにどんどん下がる

> 注：
> 宇宙全体に「平衡」が成り立っているかどうかは，微妙な問題，と頭の片隅に

●ニュートリノ気体

　ニュートリノ気体についても同様にエネルギーを求めることができる。ニュートリノというのは，レプトン（軽粒子）とよばれる素粒子の1つで，物質がベータ崩壊をするときなどに放出される。その質量は非常に小さいことだけはわかっているが，明白になっていない。ここではゼロと近似する（温度が質量よりはるかに大きければ，全く良い近似であることが知られている）。

　質量がゼロなので，エネルギーと運動量の関係は光子と同じく（4）である。ある1種類のニュートリノについて考えれば，光子の場合のような偏光の自由度は無い。また，ニュートリノはフェルミ・ディラック統計に従い，これが光子との大きな違いである。

　ニュートリノ気体の内部エネルギーは(13)で表される。これを導くには，(14)の値が必要。この定積分は，工夫すれば前の値から導くことができる。すなわち，恒等式(15)を用い，(16)がわかるが，変数変換により（17）なので，（18）のように前のページで見た積分との関連がわかる。

COLUMN

　光子と同様に，初期宇宙の名残のニュートリノが分布しているはずである。しかし，物質との相互作用が弱い上に，エネルギーがあまりにも低く，観測は困難である。また，ニュートリノの温度は光子よりも低いはずである。というのは，初期宇宙の電子・陽電子が対消滅して光子を生み，光子気体のみが「加熱」されるからである。この温度比については初等的な計算で求められるのだが，ここでは省略する（大学の先生に訊いてみよ）。

COLUMN

　ニュートリノは質量を持っているらしいが，非常に小さいものであるのは間違いない。一番よくわからないタウニュートリノでも電子の質量の40倍を越えることはないだろう。ミューニュートリノも確実に電子の半分以下の質量，われわれに一番かかわっている電子ニュートリノでは，電子質量の10万分の1以下であることが，実験・観測からわかっている。

ニュートリノ気体

$$U(\text{ニュートリノ}) = \frac{7\pi^5 k^4}{30 h^3 c^3} T^4 V \tag{13}$$

$$\int_0^\infty \frac{t^3}{e^t + 1} dt \tag{14}$$

$$\frac{1}{e^{2t} - 1} = \frac{1}{2} \frac{1}{e^t - 1} - \frac{1}{2} \frac{1}{e^t + 1} \tag{15}$$

$$\int_0^\infty \frac{t^3}{e^{2t} - 1} dt = \frac{1}{2} \int_0^\infty \frac{t^3}{e^t - 1} dt - \frac{1}{2} \int_0^\infty \frac{t^3}{e^t + 1} dt \tag{16}$$

$$\int_0^\infty \frac{t^3}{e^{2t} - 1} dt = \frac{1}{16} \int_0^\infty \frac{t^3}{e^t - 1} dt \tag{17}$$

$$\int_0^\infty \frac{t^3}{e^t + 1} dt = \frac{7}{8} \int_0^\infty \frac{t^3}{e^t - 1} dt = \frac{7\pi^4}{120} \tag{18}$$

宇宙から飛んでくるニュートリノを捕捉する
スーパーカミオカンデ

> 現在の観測装置では，初期宇宙由来のニュートリノはエネルギーが低すぎてとらえることができマセン。今後の科学・技術の発展に期待！！

第4節★光子とニュートリノ

第5節 ボーズ・アインシュタイン凝縮

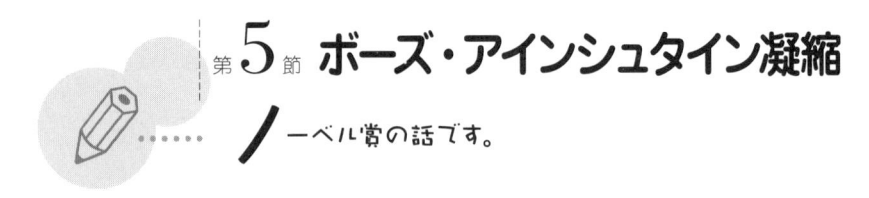

ノーベル賞の話です。

●ボソンの凝縮

ボソンの気体を考える。1粒子のエネルギーは（1）で表されるとする。

今回は粒子の数を一定，Nとしておく。このとき粒子数Nは（2）で表される。(1) から（3）が得られるので，粒子数（2）はEによる積分（4）で与えられることがわかる。粒子数を扱っているので積分の中身は常に正でないといけない。つまり，αはゼロ以上である。すると，変なことに気がつく。(5) のように，粒子数には，（温度で決まる）上限が存在することになる（$\beta = 1/kT$）。この積分は実際に計算すると温度Tの3/2乗に比例する。

十分高温で，体積Vの中にN個の粒子があったとする。$\bar{N}$は温度の3/2乗に比例するため，温度を下げていくとどんどん小さくなり，必ず$\bar{N}<N$となってしまう。このとき何が起きるのか？

このとき，「あぶれた」粒子は，エネルギーゼロの状態に入る。粒子数一定のボソン気体では，このように，低温になるとエネルギーゼロ状態に多くの粒子が落ち込んでいくのである。これを凝縮という。ボソンすなわちボーズ・アインシュタイン統計に従う粒子に特有の現象なのでボーズ・アインシュタイン凝縮ともいう。

現実の低温気体では粒子の相互作用が効いてくるので，凝縮の物理は単純ではないが，短距離反発力を含む場合でも，ボーズ・アインシュタイン凝縮が生じることは示すことができる。

COLUMN

レーザー冷却による低温の実現で，ボーズ・アインシュタイン凝縮は実験的に観測され，2001年ノーベル物理学賞の業績となっている。

また，超流動あるいは超伝導も，ある意味ではボーズ・アインシュタイン凝縮と関連している現象である。

ボーズ・アインシュタイン凝縮

$$E = \frac{p^2}{2m} \tag{1}$$

$$N = \int_0^\infty \frac{4\pi V}{e^{\alpha+\beta E}-1} h^{-3} p^2 dp \tag{2}$$

$$dp = \sqrt{\frac{m}{2E}} dE \tag{3}$$

$$N = \int_0^\infty \frac{4\pi V \sqrt{2m^3}}{e^{\alpha+\beta E}-1} h^{-3} \sqrt{E} \, dE \tag{4}$$

$$N \leqq \bar{N} = \int_0^\infty \frac{4\pi V \sqrt{2m^3}}{e^{\beta E}-1} h^{-3} \sqrt{E} \, dE \tag{5}$$

$$N_0 = N - \bar{N}$$

$$N_0 = N\left(1 - \frac{T^{\frac{3}{2}}}{T_0^{\frac{3}{2}}}\right) \tag{6}$$

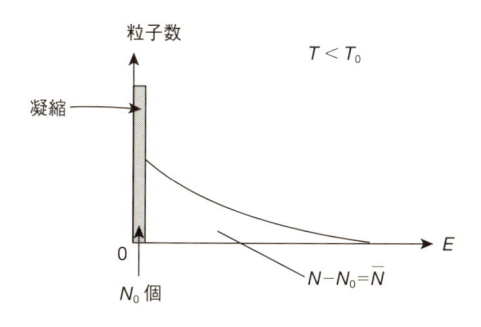

図中ラベル: 粒子数, 凝縮, $T < T_0$, N_0 個, $N - N_0 = \bar{N}$, E

吹き出し: エネルギーゼロの状態に多数おちこんでいマス

第6節 フェルミ気体

フェルミ・ディラック統計にしたがう粒子は低温で縮退する。

●フェルミ粒子の統計

電子などフェルミ・ディラック統計に従う粒子の気体は、低温では縮退する。縮退とは、低温において気体がマックスウェル・ボルツマン統計に従わなくなり、粒子の性質に則した統計（フェルミ・ディラック、ボーズ・アインシュタイン）に移行することである。このとき、フェルミ粒子（フェルミオン）はエネルギーの一番低い準位から順に詰まっている状態である（パウリの排他律のため、同じ状態にいくつもの粒子がいることはできない）。

フェルミ粒子の分布関数 (1) を (2) を用いて化学ポテンシャルで表すと、(3) のようになる。低温では $\beta=1/kT$ は大きい値となり、この分布関数は低温の極限では、階段関数になる（右ページの図）。すなわち、エネルギーが化学ポテンシャル μ より下の場合にのみ、エネルギー準位が「詰まって」いる。この境のエネルギー準位をフェルミ準位といい、そのエネルギーをフェルミエネルギーという。絶対零度の場合に μ の値は粒子数で決定され、フェルミエネルギーと同一視される。

COLUMN

白色矮星では、電子が縮退している。中性子星では中性子が縮退（中性子もフェルミオンである）。フェルミエネルギーがあるため、低温でも圧力が存在する。それを縮退圧と呼ぶ。白色矮星では、電子の縮退圧が重力による収縮を押しとどめて定常状態となっているわけだ。中性子星も同様に、中性子の縮退圧が支えている…もちろん核力も効いているはずだが。

フェルミ粒子の統計

フェルミ粒子の分布関数：$\dfrac{1}{e^{\alpha+\beta E}+1}$ (1)

$\alpha = -\beta\mu$ (2)

$\dfrac{1}{e^{\beta(E-\mu)}+1}$ (3)

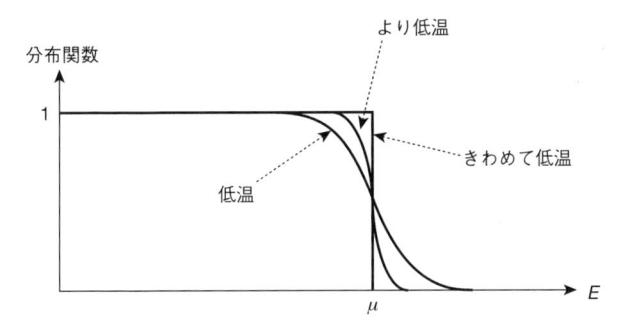

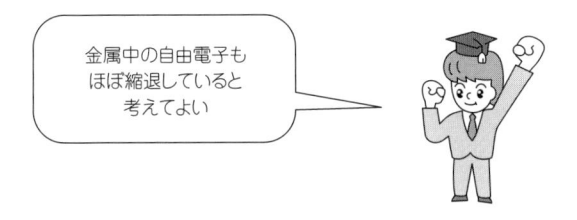

```
分布関数
  │
1 ├──────────         より低温
  │          ＼      ／
  │           ＼    ／  きわめて低温
  │       低温 ＼  ／
  │             ＼
  │              ＼＿＿＿＿＿＿＿＿＿
  └──────────────┼──────────────→ E
                 μ
```

金属中の自由電子も
ほぼ縮退していると
考えてよい

索引 INDEX

【ア】

圧力　22
アボガドロの法則　20
安定性　108
1次相転移　114
永久機関　16
エネルギーの縮退　142
エネルギー分布　138
エーレンフェストの関係式　116
エンタルピー　68
エントロピー　58, 140, 142
　　──増大の法則　58
　　光の──　130
　　ブラックホールの──　132
　　理想気体の──　66
オストワルドの原理　52
オットーサイクル　44
音速　84
温度　4
　　ブラックホールの──　132
温度計　10

【カ】

化学ポテンシャル　98, 100, 110
可逆変化　36
華氏　8
カラテオドリの原理　52
カルノー機関　40
カルノーサイクル　40
カルノーの原理　54
カロリー　12
気体定数　20
ギブス・デュエムの関係式　100
ギブス・ヘルムホルツの式　66
ギブスの自由エネルギー　68, 100, 106
ギブスの相律　118
ギブスのパラドクス　136
逆転温度　78
キュリー温度　90
キュリーの法則　88
キュリー・ワイスの法則　90
強磁性体　90
共存曲線　110
極値　108
キルヒホッフの公式　112
クラウジウスの原理　50, 52, 54
クラウジウスの不等式　56
クラペイロン・クラウジウスの式　112
ケルビン　8
光子　150
光子気体　130
　　──のエネルギー　150
　　──のエントロピー　130
効率　40, 56

孤立系　104
混合のエントロピー　136

【サ】

作業物質　40
三重点　118
磁化　86
示強変数　18
仕事　16
仕事当量　14
磁性体　86
自発磁化　90
シャルルの法則　18
自由度　24, 118
縮退　142
ジュール・トムソン係数　78
ジュール・トムソン効果　68, 78
準静的変化　36
常磁性体　90
状態数　138, 142
状態変数　20
状態方程式　20
示量変数　18
スターリングサイクル　48
スターリングの公式　138
摂氏　8
絶対温度　8
潜熱　112, 114
全微分　30, 64, 82
相　110
相転移　114

相平衡　110
相律　118

【タ】

体積弾性率　84
第2種永久機関　50
体膨張率　32
対流　6
断熱圧縮率　32, 84
断熱温度係数　32
断熱磁化率　86
断熱消磁法　94
断熱変化　36
超伝導　92
定圧比熱　30
定圧変化　36
定圧モル比熱　30
ディーゼルサイクル　46
抵抗温度計　10
定積圧力係数　32
定積比熱　30
定積変化　36
定積モル比熱　30
等温圧縮率　32, 84
等温磁化率　86
等温線　18
等温変化　36
独立　20
独立変数　76
閉じた系　98
トムソンの原理　50, 52, 54

索引 INDEX

【ナ】

内部エネルギー　14, 22, 66
　　理想気体の——　22
ニュートリノ　152
熱　2
熱エネルギー　14
熱関数　68
熱源　40
熱電対　10
熱伝導　6
熱伝導方程式　6
熱平衡状態　4, 104
熱放射　6
熱容量　12
熱力学関数　66
　　——の覚え方　70
　　——のまとめ　70
熱力学第0法則　4
熱力学第1法則　16, 66
熱力学第2法則　50
熱力学第3法則　128
熱力学的温度　42
熱力学的ポテンシャル　98, 102

【ハ】

パウリの排他律　148
パスカル　18
光　130

比熱　12, 30
　　磁性体の——　86
開かれた系　98
ビリアル係数　28
ビリアル展開　28
ファンデルワールスの状態方程式　26
フェルミ・ディラック統計　148
フェルミ気体　156
不可逆変化　36
不確定性原理　150
物質の三態　8
ブラックホール　132
プランクの原理　52
ブレイトンサイクル　46
分子運動　22
分配関数　140
分布関数　24
ヘルムホルツの自由エネルギー　66, 102, 106
偏微分　30, 64
　　——の公式　76
ボイル温度　29
ボイル・シャルルの法則　18
ボイルの法則　18
飽和蒸気圧　112
ボーズ・アインシュタイン凝縮　154
ボーズ・アインシュタイン統計　146
ボルツマン因子　145

【マ】

マイスナー効果　92
マイヤーの式　30, 80
マクスウェルの関係式　72
マクスウェルの等面積則　124
マクスウェル分布　24
マクスウェル・ボルツマン統計　144
モル　20
モル比熱　30

【ラ】

理想気体　20, 22
臨界温度　122
臨界磁場　92
臨界点　122
ルシャトリエの原理　108
ルジャンドル変換　66

著者紹介

白石 清　理学博士
1960年　東京生まれ
1987年　東京都立大学大学院 理学研究科物理学専攻 博士課程修了
現　在　山口大学理学部教授
専　門　素粒子理論
http://homepage3.nifty.com/vitp/zwb

NDC426　　167p　　21cm

絶対わかる物理シリーズ

絶対わかる熱力学

2006年3月1日　第1刷発行

著　者　白石　清
発行者　野間佐和子
発行所　株式会社　講談社
　　　　〒112-8001　東京都文京区音羽2-12-21
　　　　　販売部　(03) 5395-3625
　　　　　業務部　(03) 5395-3615
編　集　株式会社　講談社サイエンティフィク
　　　　代表　佐々木良輔
　　　　〒162-0814　東京都新宿区新小川町9-25　日商ビル
　　　　　編集部　(03) 3235-3701
印刷所　株式会社平河工業社
製本所　株式会社国宝社

落丁本・乱丁本は、購入書店名を明記のうえ、講談社業務部宛にお送り下さい。送料小社負担にてお取替えします。なお、この本の内容についてのお問い合わせは、講談社サイエンティフィク編集部宛にお願いいたします。定価はカバーに表示してあります。

© Kiyoshi Shiraishi, 2006

JCLS　〈(株)日本著作出版権管理システム委託出版物〉

本書の無断複写は著作権法上での例外を除き禁じられています。複写される場合は、その都度事前に(株)日本著作出版権管理システム(電話 03-3817-5670, FAX 03-3815-8199)の許諾を得てください。

Printed in Japan

ISBN4-06-155952-4

講談社の自然科学書

絶対わかる物理シリーズ

絶対わかる力学	白石 清／著	定価	2,310 円
絶対わかる熱力学	白石 清／著	定価	2,205 円
絶対わかる電磁気学	白石 清／著	定価	2,310 円
絶対わかる量子力学	白石 清／著	定価	2,205 円

ゼロから学ぶシリーズ

ゼロから学ぶ微分積分	小島寛之／著	定価	2,625 円
ゼロから学ぶ力学	都筑卓司／著	定価	2,625 円
ゼロから学ぶ量子力学	竹内 薫／著	定価	2,625 円
ゼロから学ぶ熱力学	小暮陽三／著	定価	2,625 円
ゼロから学ぶ相対性理論	竹内 薫／著	定価	2,625 円
ゼロから学ぶ統計解析	小寺平治／著	定価	2,625 円
ゼロから学ぶベクトル解析	西野友年／著	定価	2,625 円
ゼロから学ぶ線形代数	小島寛之／著	定価	2,625 円
ゼロから学ぶ電子回路	秋田純一／著	定価	2,625 円
ゼロから学ぶ数学の1,2,3	瀬山士郎／著	定価	2,625 円
ゼロから学ぶ物理の1,2,3	竹内 薫／著	定価	2,625 円
ゼロから学ぶディジタル論理回路	秋田純一／著	定価	2,625 円
ゼロから学ぶ物理のことば	小暮陽三／著	定価	2,625 円
ゼロから学ぶ数学の4,5,6	瀬山士郎／著	定価	2,625 円
ゼロから学ぶ物理数学	小谷岳生／著	定価	2,625 円
ゼロから学ぶエントロピー	西野友年／著	定価	2,625 円
ゼロから学ぶ振動と波動	小暮陽三／著	定価	2,625 円
ゼロから学ぶ数学・物理の方程式	谷村省吾／著	定価	2,625 円

ゴロで身につく おもしろ電磁気学入門	科学語呂研究会／編	定価	1,470 円
「ファインマン物理学」を読む 量子力学と相対性理論を中心として	竹内 薫／著	定価	2,100 円
「ファインマン物理学」を読む 電磁気学を中心として	竹内 薫／著	定価	2,100 円
「ファインマン物理学」を読む 力学と熱力学を中心として	竹内 薫／著	定価	2,100 円
新版 理工系のための力学の基礎	宇佐美誠二ほか／著	定価	2,520 円
新版 理工系のための電磁気学の基礎	万代敏夫ほか／著	定価	2,310 円

定価は税込み(5%)です。定価は変更することがあります。 「2006年2月10日現在」

講談社サイエンティフィク　http://www.kspub.co.jp/